“一带一路”生态环境遥感监测丛书

“一带一路”
中亚区生态环境遥感监测

包安明　李小玉　白　洁　常　存　古丽·加帕尔　著

科 学 出 版 社
北　京

内 容 简 介

本书应用遥感、地理信息系统等技术和方法，基于多种传感器获取的卫星遥感影像和多类型地图资料等信息，针对“丝绸之路经济带”沿线5个中亚国家的生态环境特征遥感监测与评估，以及港口城市发展潜力与限制因子特征对比分析。

本书可作为遥感科学与技术、生态地理学、城市地理学、世界地理等方向科研与教学人员以及政府部门管理人员的参考书。

审图号：GS(2018)3876 号

图书在版编目（CIP）数据

“一带一路”中亚区生态环境遥感监测 / 包安明等著 . — 北京：科学出版社，2018.9

（“一带一路”生态环境遥感监测丛书）

ISBN 978-7-03-051284-0

Ⅰ. ①一… Ⅱ. ①包… Ⅲ. 区域生态环境 - 环境遥感 - 环境监测 Ⅳ. ① X87

中国版本图书馆 CIP 数据核字 (2016) 第 319592 号

责任编辑：朱海燕 籍利平 / 责任校对：李 影

责任印制：张 伟 / 封面设计：图阅社

科学出版社出版

北京东黄城根北街 16 号

邮政编码：100717

http://www.sciencep.com

北京建宏印刷有限公司 印刷

科学出版社发行 各地新华书店经销

*

2018 年 9 月第 一 版 开本：787 × 1092 1/16

2019 年 2 月第二次印刷 印张：5 3/4

字数：119 000

定价：99.00 元

（如有印装质量问题，我社负责调换）

“一带一路”生态环境遥感监测丛书
编委会

本书编写委员会

主　　任　包安明　李小玉　白　洁　常　存
古丽·加帕尔

委　　员　包安明　白　洁　常　存　古丽·加帕尔
郭　浩　李小玉　黎秀花　孟凡浩
孙　浩　杨会巾　杨书雅　叶飞鹏
朱晓蓉

丛书出版说明

2013年9月和10月，习近平主席在出访中亚和东南亚国家期间，先后提出了共建“丝绸之路经济带”和“21世纪海上丝绸之路”（简称“一带一路”）的重大倡议。2015年3月28日，国家发展和改革委员会、外交部和商务部联合发布《推动共建丝绸之路经济带和21世纪海上丝绸之路的愿景与行动》（简称“愿景与行动”），“一带一路”倡议开始全面推进和实施。

“一带一路”陆域和海域空间范围广阔，生态环境的区域差异大，时空变化特征明显。全面协调“一带一路”建设与生态环境保护之间的关系，实现相关区域的绿色发展，亟须利用遥感技术手段快速获取宏观、动态的“一带一路”区域多要素地表信息，开展生态环境遥感监测。通过获取“一带一路”区域生态环境背景信息，厘清生态脆弱区、环境质量退化区、重点生态保护区等，可为科学认知区域生态环境本底状况提供数据基础；同时，通过遥感技术快速获取“一带一路”陆域和海域生态环境要素动态变化，发现其生态环境时空变化特点和规律，可为科学评价“一带一路”建设的生态环境影响提供科技支撑；此外，重要廊道和节点城市高分辨率遥感信息的获取，还将为开展“一带一路”建设项目投资前期、中期、后期生态环境监测与评估，分析其生态环境特征、发展潜力及可能存在的生态环境风险提供重要保障。

在此背景下，国家遥感中心联合遥感科学国家重点实验室于2016年6月6日发布了《全球生态环境遥感监测2015年度报告》，首次针对“一带一路”开展生态环境遥感监测工作。年报秉承“一带一路”倡议提出的可持续发展和合作共赢理念，针对“一带一路”沿线国家和地区，利用长时间序列的国内外卫星遥感数据，系统生成了监测区域现势性较强的土地覆盖、植被生长状态、农情、海洋环境等生态环境遥感专题数据产品，对“一带一路”陆域和海域生态环境、典型经济合作走廊与交通运输通道、重要节点城市和港口开展了遥感综合分析，取得了系列监测结果。因年度报告篇幅有限，特出版《“一带一路”生态环境遥感监测丛书》作为补充。

丛书基于“一带一路”国际合作框架，以及“一带一路”所穿越的主要区域的地理位置、自然地理环境、社会经济发展特征、与中国交流合作的密切程度、陆域和海域特点等，分为蒙俄区（蒙古和俄罗斯区）、东南亚区、南亚区、中亚区、西亚区、欧洲区、非洲东北部区、海域、海港城市共9个部分，覆盖100多个国家和地区，针对陆城7大区域、

6 个经济走廊及 26 个重要节点城市的生态环境基本特征、土地利用程度、约束性因素等，以及 12 个海区、13 个近海海域和 25 个港口城市的生态环境状况进行了系统分析。

丛书选取 2002—2015 年的 FY、HY、HJ、GF 和 Landsat、Terra/Aqua 等共 11 种卫星、16 个传感器的多源、多时空尺度遥感数据，通过数据标准化处理和模型运算生成 31 种遥感产品，在"一带一路"沿线区域开展土地覆盖、植被生长状态与生物量、辐射收支与水热通量、农情、海岸线、海表温度和盐分、海水浑浊度、浮游植物生物量和初级生产力等要素的专题分析。在上述工作中，通过一系列关键技术协同攻关，实现了"一带一路"陆域和海域上的遥感全覆盖和长时间序列的监测；实现了国产卫星与国外卫星数据的综合应用与联合反演多种遥感产品；实现了遥感数据、地表参数产品与辅助分析决策的无缝链接，体现了我国遥感科学界在突破大尺度、长时序生态环境遥感监测关键技术方面取得的创新性成就。

丛书由来自中国科学院遥感与数字地球研究所、中国科学院地理科学与资源研究所、国家海洋局第二海洋研究所、中国林业科学研究院资源信息研究所、北京师范大学、清华大学、中国科学院烟台海岸带研究所、中国科学院新疆生态与地理研究所等 8 家单位的 9 个研究团队共 50 余位专家编写。丛书凝聚了国家高技术研究发展计划（863 计划）等科技计划研发成果，构建了"一带一路"倡议启动期的区域生态环境基线，展示了这一热点领域的最新研究成果和技术突破。

丛书的出版有助于推动国际间相关领域信息的开放共享，使相关国家、机构和人员全面掌握"一带一路"生态环境现状和时空变化规律；有助于中国遥感事业为"一带一路"沿线各国不断提供生态环境监测服务，支持合作框架内有关国家开展生态环境遥感合作研究，共同促进这一区域的可持续发展。

中国作为地球观测组织 (GEO) 的创始国和联合主席国，通过 GEO 合作平台，有意愿和责任向世界开放共享其全球地球观测数据，并努力提供相关的信息产品和服务。丛书的出版将有助于 GEO 中国秘书处加强在"一带一路"生态环境遥感监测方面的工作，为各国政府、研究机构和国际组织研究环境问题和制定环境政策提供及时准确的科学信息，进而加深国际社会和广大公众对"一带一路"生态建设与环境保护的认识和理解。

李加洪　刘纪远

2016 年 11 月 30 日

目录

引　言

历史“丝绸之路”是指起始于西汉时期，连接亚洲、非洲和欧洲的古代陆上商业贸易路线。东起中国古都长安（今西安），经甘肃、新疆，通过中亚、西亚，到达地中海东岸，直达罗马的欧亚陆上通道。2013 年 9 月和 10 月，习近平主席在出访中亚和东南亚国家期间，提出共建“丝绸之路经济带”和“21 世纪海上丝绸之路”（简称“一带一路”）的重大倡议。全新的现代“丝绸之路”东边连接着活跃的亚太经济圈，西边延伸到发达的欧洲经济圈，把中国与中亚、西亚、南亚、东欧、南欧、西欧、非洲等地区的许多国家联系在一起，被认为是“世界上最长、最具有发展潜力”的经济大走廊。古代和现代“丝绸之路”的时间跨度和具体内涵虽有所不同，但本质上都是经济文化交流和商贸互通的重要方式。自古以来，中亚地区就是“丝绸之路”上连接东亚、南亚、西亚和欧洲的重要交通枢纽和国际经济走廊，与中国新疆有着高度相似的人文和历史背景，区内资源丰富，经济发展潜力巨大。中亚现代陆路交通网络的建立，形成了连接亚洲、欧洲和非洲的高效、通畅、安全的运输大通道，给通道沿线国家的政治、文化和经济互联互通带来了前所未有的发展机遇。

中亚地区毗邻中国新疆，土地面积广阔，具有相似的典型干旱区自然环境和气候特征。既有群山起伏的高原、山地，又有富饶肥沃的平原、三角洲；既有葱郁成荫的森林和水草肥美的草原，又有植被稀疏的荒漠和寸草不生的沙漠；生态环境总体较为脆弱。其中，中亚有 70% 的地区为干旱和半干旱的草原、荒漠和沙漠。中亚也是全球气候最为干旱的地区之一，高温干燥，蒸发强烈，降水量少且时空分布不匀。中亚水资源严重短缺且分布极不均匀，主要以冰川和深层地下水等形式存在，也是全球湖泊分布相对密集的地区之一，其中还有两个具有海洋性特征的超大型跨境湖泊（里海和咸海）。区内干旱生物资源独特，生态环境极其脆弱，自然条件相对恶劣，土地荒漠化严重，生态系统一旦破坏将难以恢复，因此生态环境保护与区域协调发展是区域长期面临的主要问题。

中亚地区陆域空间范围广阔，生态系统多样，需要利用遥感技术手段快速获取宏观、动态的全球及区域多要素地表信息，开展生态环境遥感监测。通过获取中亚生态环境背景信息厘清生态脆弱区、环境质量退化区、重点生态保护区等，可为科学认知区域生态环境本底状况提供数据基础；同时，通过遥感技术快速获取中亚陆域生态环境要素动态变化，发现其生态环境时空变化特点和规律，可为科学评价中亚建设的生态环境影响提供科技支撑。

本书的监测区域覆盖中亚5个国家，包括：哈萨克斯坦、塔吉克斯坦、吉尔吉斯斯坦、乌兹别克斯坦、土库曼斯坦。通过对2000～2015年期间的风云卫星（FY）、环境卫星（HJ）、高分卫星（GF）、陆地卫星（Landsat）和地球观测系统（EOS）Terra/Aqua卫星等多源、多时空尺度遥感数据的标准化处理和模型运算，形成了土地覆盖、植被生长状态与生物量、农情、光合有效辐射和初级生产力等遥感数据产品。基于上述遥感数据产品，对中亚陆域生态环境、典型经济走廊与交通运输通道、重要节点城市开展了遥感综合分析，形成了本书及相关数据产品集。相关成果一方面可以提供中亚地区的数据支持、信息支撑与知识服务；同时生态环境保护与合作是"一带一路"倡议的重要内容之一，中国率先将利用遥感技术生产的生态环境监测数据产品免费共享给中亚各国，通过与中亚国家开展合作，共同促进区域可持续发展。

本书是在中国科学院战略性先导科技专项"中亚－西亚地区荒漠化时空格局与风险评估"—子课题"中亚－西亚地区荒漠化时空格局与风险评估"（XDA20030101）资助下完成。感谢科学技术部、中国科学院，以及中国科学院新疆生态与地理研究所的大力支持。由于时间仓促和作者经验不足，书中难免出现错误，敬请指正。

第 1 章　生态环境特点与社会经济发展背景

中亚位于欧亚大陆的腹地，具有连接东亚、南亚、西亚和欧洲的枢纽作用。经过中亚的陆路交通可以大大缩短太平洋到大西洋和印度洋的距离，密切欧洲、亚洲乃至亚洲、非洲之间的经济联系。中亚地区毗邻中国新疆，具有相似的人文特征和区域地理条件，人文交流便利，地缘合作优势明显，经贸合作前景广阔。本节重点介绍中亚地区自然环境和区域条件，分析中亚各国社会和经济发展及其与中国近年来的区域合作，为“丝绸之路经济带”倡议实施和区域地缘合作提供重要的参考。

1.1　区 位 特 征

作为“丝绸之路经济带”的核心开发区域（图 1-1），中亚是上海合作组织最主要的核心区域，在实现丝绸之路经济带东西互通互联中具有不可替代的作用，不仅具有特殊的地缘优势，而且拥有丰富的能源、矿产和旅游资源，具有广阔的发展潜力。中亚是世界主要的能源蕴藏区，在中亚五国能源分布中，哈萨克斯坦、乌兹别克斯坦和土库曼斯坦的油气资源尤为丰富，塔吉克斯坦和吉尔吉斯斯坦水能资源丰富。中亚的枢纽作用以及安全系数较高的陆路管道运输便利，使得中亚成为世界油气供应战略格局中的新兴力量中心。

建设现代化的交通基础设施，打造以航空、铁路、公路和管道多位一体的综合运输体系，是实施“丝绸之路经济带”倡议的基础，基础设施互通互联也成为丝绸之路经济带建设的优先领域。近年来中国与中亚国家的互联互通进展显著：沿陇海—兰新铁路深入中亚地区的铁路干线成为新亚欧大陆桥的重要组成部分；中国已经开通直达哈萨克斯坦、乌兹别克斯坦、塔吉克斯坦等国的航线；“丝绸之路经济带”首个实体平台—中哈物流合作基地项目已正式启动。对于中亚国家而言，“丝绸之路经济带”基础设施建设将使中亚交通不便的地缘劣势转变为优势，不仅进一步促进中国与中亚的深度合作和商贸交流，还为中国拓展欧洲与非洲的国际合作提供了更为便捷的条件。

中国与中亚国家在农业和工业现代化建设方面具有明显产业梯次关系和承接转移便利。作为传统农业地区，中亚国家经济发展水平普遍较低，现代化工业体系基础相对薄弱，农业人口比例高。成功由农业大国向初步工业化和现代化国家跃进的中国，有足够经验和条件帮助中亚国家建立现代农业，以及纺织和皮革加工等轻工业，帮助更多人口从传统农牧业转向城市生活。

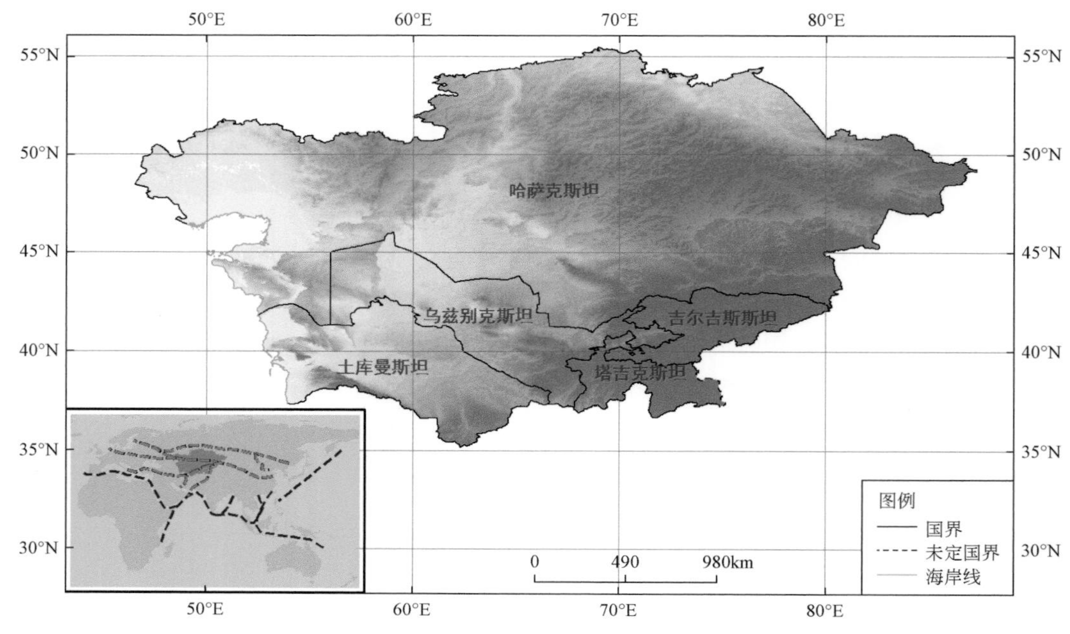

图 1-1 “一带一路”中亚分区位置示意图

1.2 自然地理特征

中亚区域包括哈萨克斯坦、乌兹别克斯坦、塔吉克斯坦、吉尔吉斯斯坦和土库曼斯坦五个国家，总面积约 400 万 km^2，位于 35° ～ 55° N 和 50° ～ 80° E 之间。东以西天山的南脉为界与中国相邻，南以科佩特山脉和阿姆河上游喷赤河源为界与伊朗、阿富汗毗邻，北部哈萨克草原深入到西西伯利亚南缘的额尔齐斯河流域，西界为里海东岸。

1.2.1 地形地貌

中亚北部是广袤的哈萨克斯坦大平原，东、南部地区的地貌具有典型的山–盆特征，主要山脉有帕米尔 - 阿赖山、天山、阿拉套山和阿尔泰山等。主要沙漠有卡拉库姆沙漠、克孜勒库姆沙漠、莫因库姆沙漠和萨雷耶西克阿特劳沙漠等。典型地貌类型包括帕米尔高原、图兰低地、费尔干纳盆地、哈萨克丘陵、图尔盖高原、图尔盖洼地、于斯蒂尔特高原等。

中亚地区总体上呈现东南高、西北低。塔吉克斯坦帕米尔地区和吉尔吉斯斯坦西部天山地区山势陡峭，海拔在 4000 ～ 5000m，其中海拔 7495m 的伊斯梅尔索莫尼峰和 7134m 的列宁峰是世界上著名的山峰之一。哈萨克斯坦西部里海附近卡拉吉耶洼地是中亚地区最低点，低于海平面 132 m。东西之间广阔的荒漠、绿洲地区，海拔为 200 ～ 400m 之间，丘陵、草原海拔为 300 ～ 500m，东部山区在海拔超过 1000m（图 1-2）。

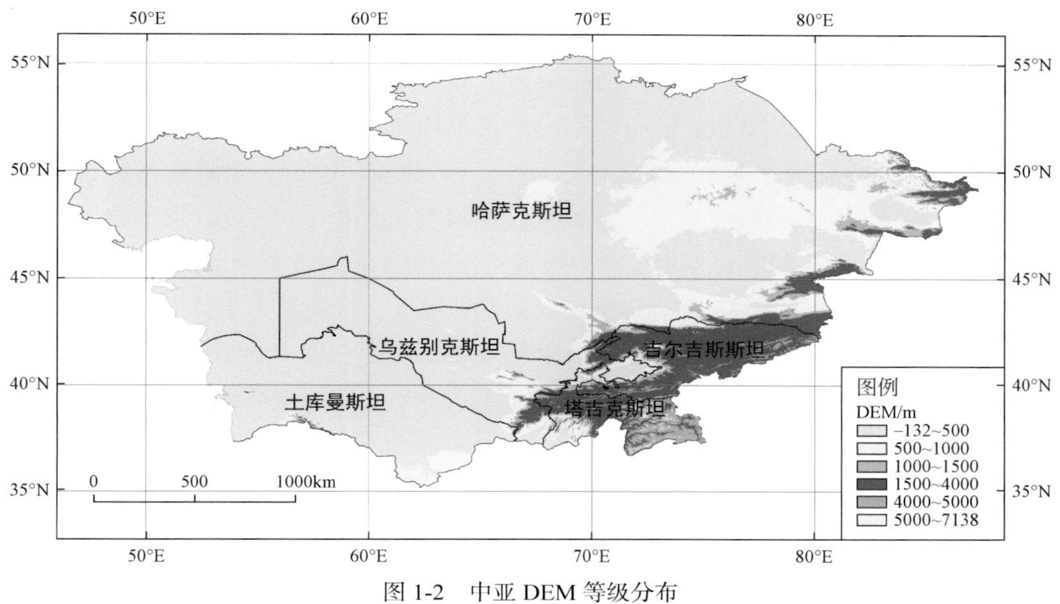

图 1-2　中亚 DEM 等级分布

1.2.2　气候

中亚地区与中国西北同处一个气候区带，是全球最大的、独一无二的内陆干旱区（图 1-3）。中亚地区处于欧亚大陆腹地，东南缘高山阻隔了印度洋、太平洋的暖湿气流，形成了典型的温带大陆性干旱气候。降水受西风环流的影响，集中分布在冬、春两季，明显有别于受季风环流控制的中纬度亚洲大陆东部地区。

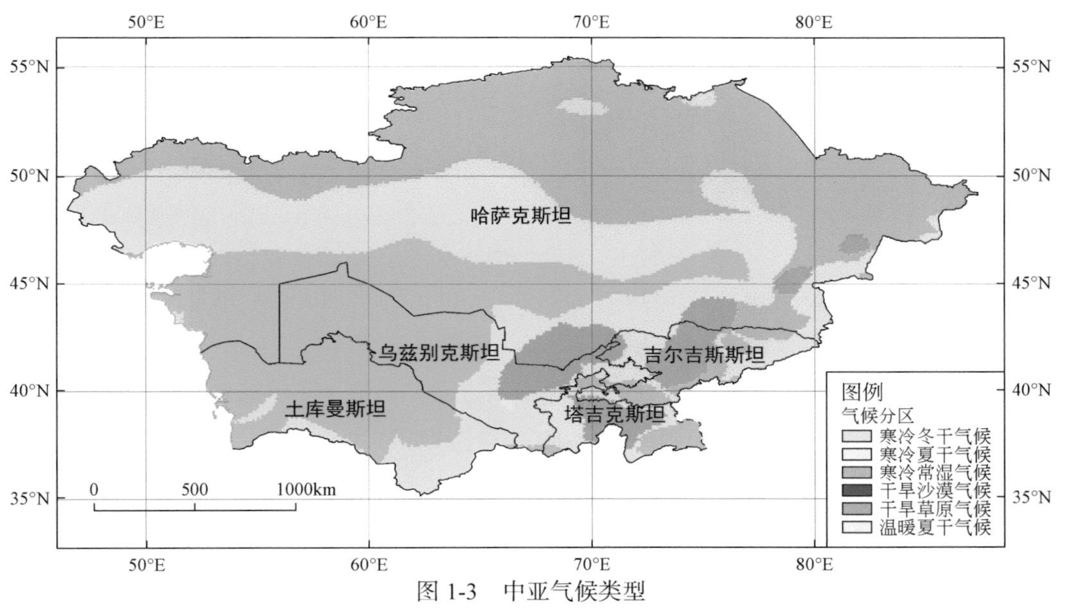

图 1-3　中亚气候类型

1.2.3 水文

中亚五国的淡水总量约 10 000 亿 m^3 以上，主要以冰川和深层地下水等形式存在，可以利用的水资源量约为 2 064 亿 m^3，但分布极不均匀。哈萨克斯坦、塔吉克斯坦和吉尔吉斯斯坦水资源总量分别为 754 亿 m^3、465 亿 m^3 和 668 亿 m^3，水资源量相对较多。土库曼斯坦和乌兹别克斯坦的水资源总量分别为 14 亿 m^3 和 163 亿 m^3，属于缺水国家，其用水主要依赖发源于塔吉克斯坦境内的阿姆河和发源于吉尔吉斯斯坦境内的锡尔河。

中亚地区大多数河流由东部高山区流向西部低地区，最终消失于荒漠，或注入于内陆湖泊（图 1-4）。中亚地区有大小河流十几万条，其中长度 1000km 左右的有 6 条，100km 以上的有 228 条，10 ～ 100km 的河流有近万条，主要河流有阿姆河、锡尔河、泽拉夫尚河、喷赤河、纳伦河、瓦赫什河、楚河、卡拉达里亚河、萨雷扎兹河、伊希姆河、乌拉尔河、伊犁河和额尔齐斯河等。

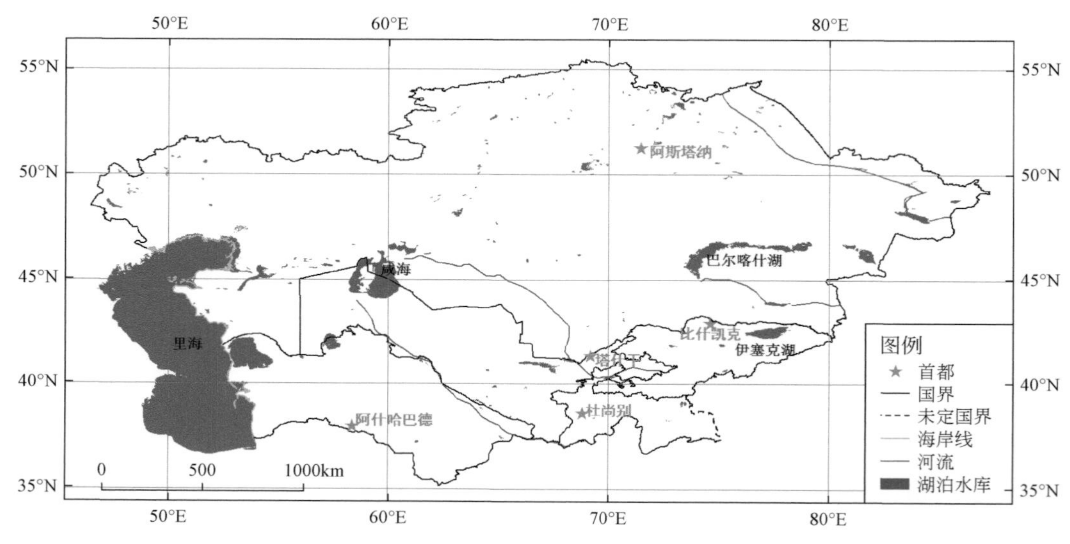

图 1-4　中亚水系分布

中亚干旱地区湖泊众多，1km² 以上的湖泊有 3000 多个，100km² 以上的湖泊 60 多个，湖泊总面积超过 88000 km²，是全球湖泊分布相对密集的地区之一。在中亚五国中，哈萨克斯坦 100km² 以上的大型湖泊有 21 个，主要有巴尔喀什湖（面积 1.8 万 km²）、阿拉湖（面积 2650km²）、斋桑泊（面积 1800km²）、坚吉兹湖（面积 1162km²）和马尔卡科尔湖（面积 455km²）等，占中亚湖域面积的 60%。此外还有两个具有海洋性特征的超大型跨境湖泊—里海和咸海。

1.2.4 植被

中亚五国生态地理环境差异显著（图 1-5）。中亚温带荒漠植被带，发育了砾石质荒漠植物、砂质荒漠植物和稀疏灌木及河谷林（又称“土加依林”），自北向南依次被分为哈萨克荒漠—草原植被区、中亚北部温带荒漠区和南部荒漠区。东南部的帕米尔高原和北东延伸的天山山系决定着中亚地区降水分布，植被垂直分布自山麓平原至山顶依次是：温带荒漠带—山地（灌丛）草原带—山地落叶阔叶林带—山地暗针叶林带—亚高山草甸带—高山灌丛草甸带—高山垫状植被带。中亚山地是全球 34 个生物多样性研究热点地域之一。

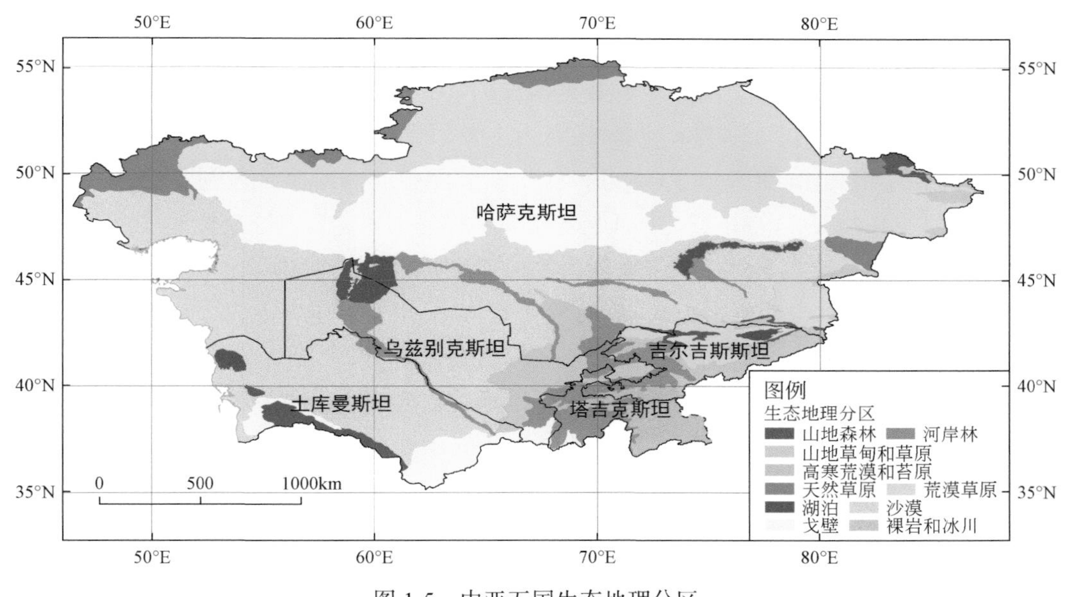

图 1-5 中亚五国生态地理分区

1.3 社会经济发展现状

1.3.1 人口、民族与宗教

2000 年以来中亚五国人口均呈缓慢增长趋势，其中以塔吉克斯坦的增速最大，2011 ～ 2014 年人口增加了 30.27%，年均增 2.16%；其次为乌兹别克斯坦，2011 ～ 2014 年人口增加了 22.89%，年均增加 1.64%；吉尔吉斯斯坦和哈萨克斯坦年均增加率分别为 1.37% 和 1.22%；土库曼斯坦人口增加速率最慢，年均为 1.19%（图 1-6）。

哈萨克斯坦 2014 年人口为 1742 万，占中亚总人口 26.2%，由 130 多个民族组成，是典型的多民族国家，其中哈萨克族是最大的民族，占到了总人口的 66%，其次为俄罗斯族，占该国总人口的 21%，此外，还有乌兹别克族、乌克兰族、白俄罗斯族、德意志族、

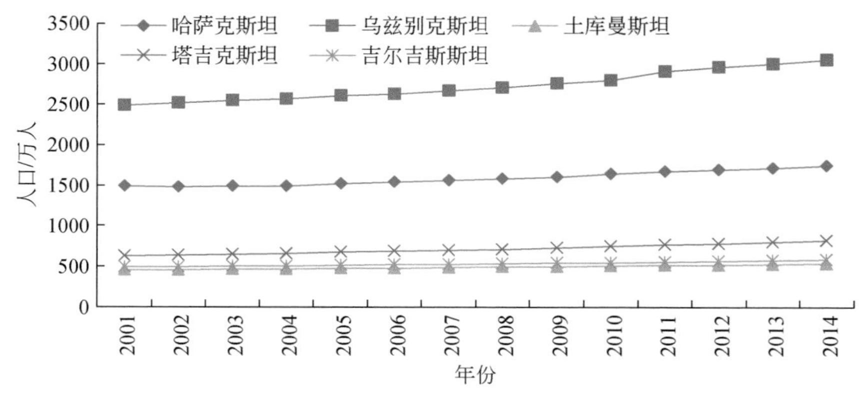

图 1-6　中亚五国 2000 年以来的人口数量变化

鞑靼族、维吾尔族、朝鲜族、塔吉克族等其他民族。哈萨克斯坦最大的宗教为伊斯兰教，占到了 71.2%，东正教占 25.17%，同时还有天主教、犹太教等。

乌兹别克斯坦 2014 年人口 3049 万，在中亚五国中人口最多，占到了中亚总人口的 45%。乌兹别克斯坦是一个由 130 个民族组成的多民族国家，乌兹别克族是最大的民族，占到了 80%，俄罗斯族占 5.5%，塔吉克族占 4%，哈萨克族占 3%，卡拉卡尔帕克族占 2.5%，鞑靼族占 1.5%，吉尔吉斯族占 1%，朝鲜族占 0.7%；此外，还有土库曼族、乌克兰族、维吾尔族、亚美尼亚族、土耳其族、白俄罗斯族等。宗教信仰以为伊斯兰教占绝对主导地位。

塔吉克斯坦 2014 年总人口为 816 万人，以塔吉克族为主，占到了 80%，乌兹别克族占 8%，俄罗斯族占 1%，还有帕米尔、塔塔尔、吉尔吉斯、土库曼、哈萨克、乌克兰、白俄罗斯、亚美尼亚等民族。塔吉克斯坦大多数居民信奉伊斯兰教，穆斯林人口占全国总人口的 86%，其余居民信奉基督教、犹太教、巴哈伊教、东正教等。

吉尔吉斯斯坦 2014 人口为 589 万，吉尔吉斯斯坦有 80 多个民族，其中吉尔吉斯族占 71%，乌兹别克族占 14.3%，俄罗斯族占 7.8%。此外，还有乌克兰族、塔塔尔族、东干族、维吾尔族、哈萨克族、塔吉克族、土耳其族、阿塞拜疆族、朝鲜族、白俄罗斯族等。吉尔吉斯斯坦大多数居民信奉伊斯兰教，穆斯林人口占全国总人口的 86%，其余居民信奉东正教、基督新教、犹太教和佛教等。

土库曼斯坦是一个多民族的国家，2014 年人口总量为 531 万，土库曼族占到了 94.7%，占绝对多数，乌兹别克族和俄罗斯族分别占 2% 和 1.8%，此外，还有哈萨克族、亚美尼亚族、鞑靼族、阿塞拜疆族等 120 多个民族。宗教上大多数居民信奉伊斯兰教，穆斯林人口占全国总人口的 86%，东正教徒占 9%，其余居民信奉基督新教、犹太教等。

1.3.2　社会经济状况

1. 国民生产总值（GDP）

2000年以来，哈萨克斯坦、乌兹别克斯坦和土库曼斯坦3国的经济开始呈现快速发展态势，塔吉克斯坦和吉尔吉斯斯坦的经济则发展缓慢（图1-7）。

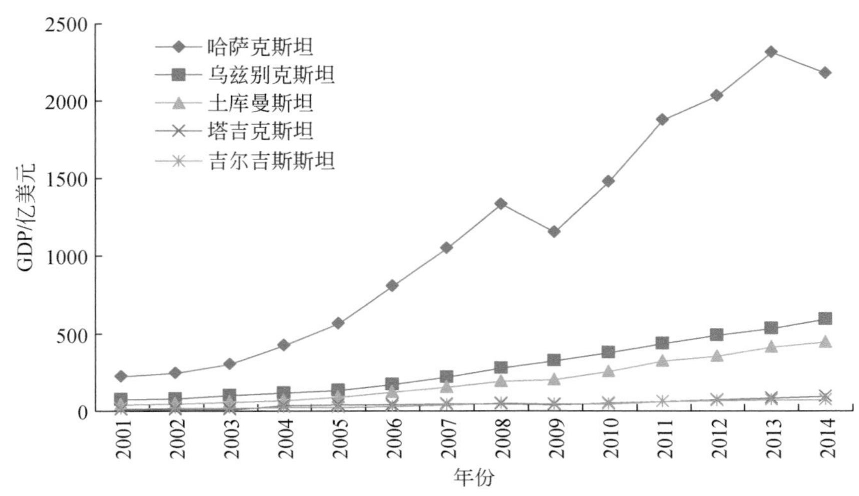

图1-7　中亚五国2000年以来的GDP数量变化（按当年本国汇率折算为美元）

哈萨克斯坦近年来受到国际经济环境停滞的影响，发展速度有所放缓，但2011～2013年的GDP平均增长速度依然维持在约6%。哈萨克斯坦2014年国内生产总值（GDP）为2179亿美元，人均GDP为12602美元。根据世界银行的划分，哈萨克斯坦属于中高等收入国家。2014年哈萨克斯坦第一、二、三产业增加值占GDP的比重分别为4.5%、35.5%和60%，农业生产比例较其他产业低。

乌兹别克斯坦近5年来GDP增长率保持8%以上，2014年GDP为629亿美元，工业占GDP比例为51.9%。

土库曼斯坦近年来经济保持快速稳定的发展，年均增长率超过10%，2014年国内生产总值达到了450亿美元。该国支柱经济领域是以能源资源为主的矿产资源的开采与加工，纺织、交通和电力工业发展较快；农业以畜牧业为主，主要农作物有棉花和小麦。

塔吉克斯坦2014年国内生产总值（GDP）为92.41亿美元，工业占13%，农业占21.1%，服务业占到了43%。塔吉克斯坦经济发展受到山多地少、能源匮乏、交通闭塞、资金和人才短缺、产业结构单一等因素制约。近年来，塔政府加紧实施"保障粮食安全""水电兴国"和"摆脱交通困境"三大战略，2010年以来摆脱了金融危机影响所造成的低迷状态，并维持了稳定增长的势头。

2. 与中国的进出口贸易

哈萨克斯坦2014年与中国的贸易额为224.2亿美元（图1-8），同比下降21.3%。其中中国出口127.1亿美元，同比增长1.3%；进口97.1亿美元，同比下降39.5%。哈萨克斯坦的优势资源为丰富的矿产，矿产品是对中国出口的第一大类商品，2014年出口额为63.7亿美元，占对中国出口总额的64.9%。出口额较大的还有贱金属及制品，出口额为19.5亿美元，下降23.7%，占对中国出口总额的19.9%。此外，化工产品对中国出口额由上年的13.3亿美元降至11.9亿美元，降幅10.2%，占对中国出口总额的12.2%。哈萨克斯坦自中国进口的主要商品为机电产品，2014年进口额为31.6亿美元，下降7%，占哈萨克斯坦自中国进口总额的42.5%。贱金属及其制品进口8.5亿美元，下降35.8%，占自中国进口总额的11.4%。此外，纺织品及原料进口6亿美元，下降0.2%，占哈萨克斯坦自中国进口总额的8.1%。在以上商品，中国的竞争对手主要来自意大利、德国和俄罗斯等国家。

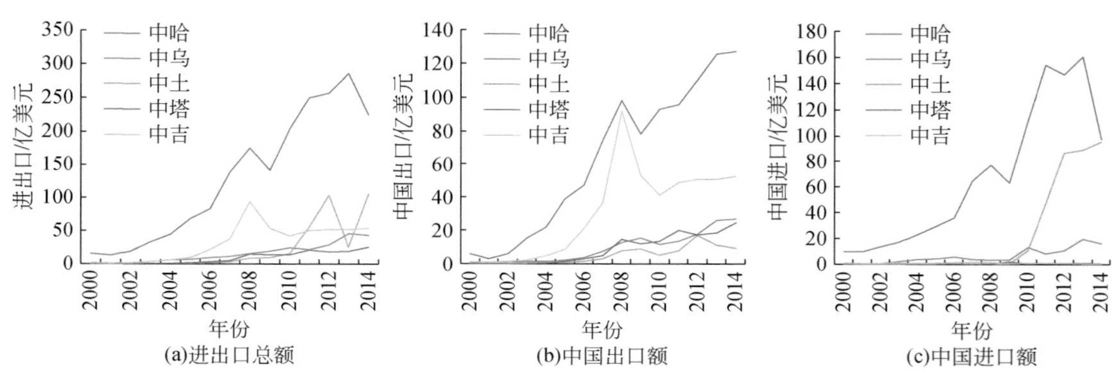

图1-8 中亚五国2000年以来与中国的贸易情况

乌兹别克斯坦2000年以来与中国的贸易规模不断扩大，保持较快增长。2014年中国与乌兹别克斯坦双边贸易额42.75亿美元，同比下降6.1%。其中，中方出口26.78亿美元，同比增长2.5%；中方进口15.97亿美元，同比下降17.6%。中方贸易顺差10.8亿美元。乌兹别克斯坦天然气资源丰富，是对中国出口的最主要产品，而中国对乌兹别克斯坦出口主要商品为机械设备及家用电器等。

土库曼斯坦与中国贸易保持了较快的发展势头。2010年前中方在双边贸易中长期保持大幅顺差，随着土库曼斯坦最大资源天然气对华出口量的快速增加，自2012年土库曼斯坦跃升为中国最大的天然气供应国，占中国天然气进口总量的50%以上。中国连续4年成为土库曼斯坦国传统的四大贸易伙伴之首。2014年中土双边贸易额为104.7亿美元，同比增长4.4%。其中，中方向土方出口9.5亿美元，下降16.1%，中方自土方进口95.2

亿美元，增长 7%。近年来中国对土库曼斯坦出口商品主要包括汽车、机械设备、家用电器和轻纺制品等，而中国从土库曼斯坦进口商品主要包括天然气、石油、矿石等原材料。

塔吉克斯坦与中国在经贸领域的合作一直较为稳定，2014 年的贸易额为 25.17 亿美元，比上年增长 28.51%。其中中国出口 24.69 亿美元，比上年增长 32.05%；中国进口 4769 万美元，比上年下降 46.25%。塔吉克斯坦的优势资源为金属矿产，中国从塔吉克斯坦进口商品主要为金属矿产产品等，而中国对塔吉克斯坦出口商品主要包括机械加工设备、轻纺制品和家用电器等。

吉尔吉斯斯坦 2014 年与中国的贸易额 52.98 亿美元，同比增长 3.1%，其中中国出口 52.43 亿美元，增长 3.3%。中国进口 5565.2 万美元，下降 10.7%。中国是吉尔吉斯斯坦第二大贸易伙伴，吉尔吉斯斯坦是中国在独联体国家中的第三大贸易伙伴。吉尔吉斯斯坦的优势资源主要为金属矿产和畜牧产业，主要对中国出口金属矿产、畜产品，而中国对吉尔吉斯斯坦出口商品主要包括机械加工设备、轻纺制品和家用电器等。

1.3.3 城市发展状况

城市夜间灯光影像数据是一种能够直接反映城市化空间特征的数据。从 2013 年中亚五国夜间城市灯光分布图上看（图 1-9），中亚五国的城市空间分布较为稀疏和分散，北部相对稀疏，东南偏中部地区相对集中。阿斯塔纳、阿拉木图、阿克套、杜尚别、奥什、塔什干、比什凯克和阿什哈巴德等城市是“中国－中亚－西亚经济走廊”的重要节点。哈萨克斯坦北部阿克莫拉州、北哈萨克斯坦州、西北部的阿克托别州、阿特劳州都是以

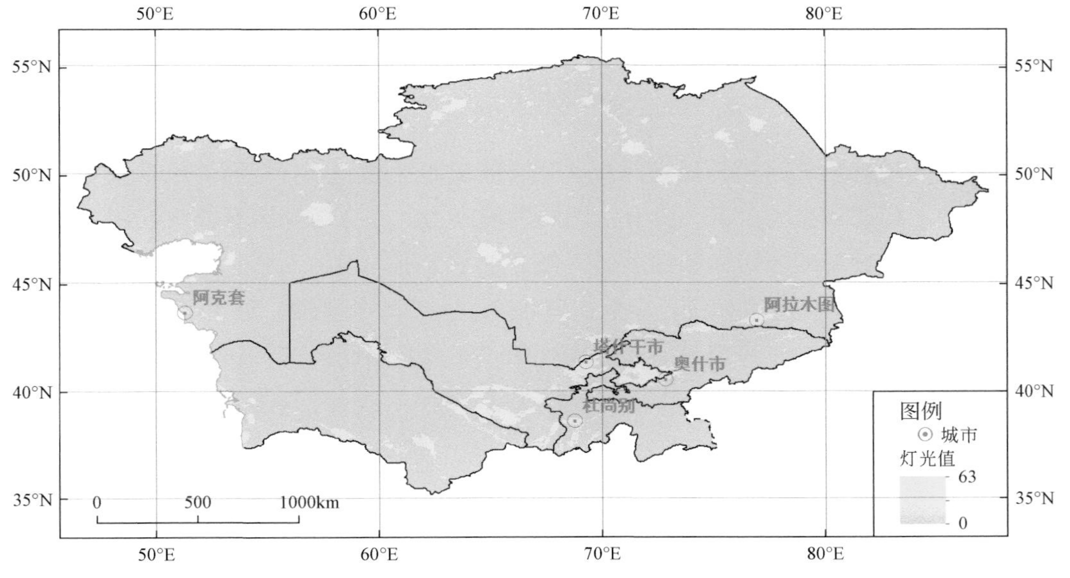

图 1-9 中亚五国 2013 年灯光数据分布

州首府或者重点城市为中心的"点状"分布。乌兹别克斯坦东部的安集延州、费尔干纳州和塔什干州虽然面积较小，却是中亚地区城市灯光密度最高的地区，城市虽然规模不大但密集程度高。2000 ～ 2013 年，中亚地区城市灯光变化不是很明显，表明其城市化发展速度缓慢（图 1-10）。哈萨克斯坦北部、西北和东北地区各州的城市发展相对较快，如阿斯塔纳市、科克舍套市、阿特劳市等。

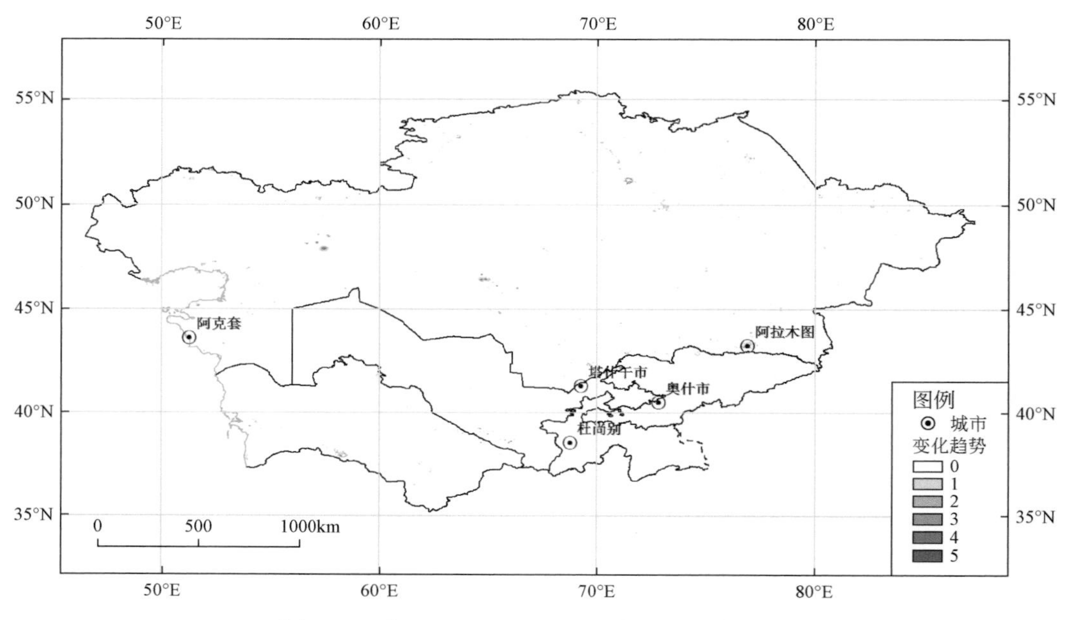

图 1-10　中亚五国 2000 ～ 2013 年灯光变化趋势

1.4　小　　结

中亚是实现丝绸之路经济带东西互通互联的交通走廊，具有特殊的地缘优势，拥有丰富的能源、矿产和旅游资源，具有广阔的发展潜力。中亚与中国新疆气候和自然环境特征相似，属于典型的温带大陆性干旱气候，干旱少雨，地广人稀。中亚五国都是典型的多民族国家，以伊斯兰教为主。中亚人口较少，人口增长缓慢。近 15 年来中亚国家经济增速较快，与中国的贸易规模不断扩大，在"丝绸之路经济带"建设中具有连接欧洲和北非的战略地位。

第 2 章　主要生态资源分布与生态环境限制

亚洲中部属于典型的绿洲农业地区，山区冰雪融化是区域水资源的主要来源，平原区降水相对较少，但蒸发强烈，是水资源的主要消耗区，城市化和农业生产主要依附于河流和湖泊，造就了中亚独特的“串珠状”城镇体系。亚洲中部是世界最大的内陆干旱区，光热条件好，但水资源相对匮乏。区内干旱生物资源独特，但地形复杂多样，生态环境极其脆弱，恶劣的自然条件和最弱的生态环境制约着区域的可持续发展，生态环境保护与区域协调发展是区域长期面临的主要问题。

2.1　土地覆盖与土地开发状况

2.1.1　草地和荒漠广布，人类活动强度较弱

分析 2014 年中亚土地覆盖类型的空间格局（图 2-1、图 2-2），草地分布最为广泛，总面积达到了 233.56 万 km^2，占比达 58.25%；耕地次之，总面积为 74.12 万 km^2，占比为 18.51%，主要集中在哈萨克斯坦北部、乌兹别克斯坦东部等区域；裸地的面积在中亚仅次于草地和耕地，面积为 54.20 万 km^2，占比为 13.53%，集中分布在咸海区域以及土

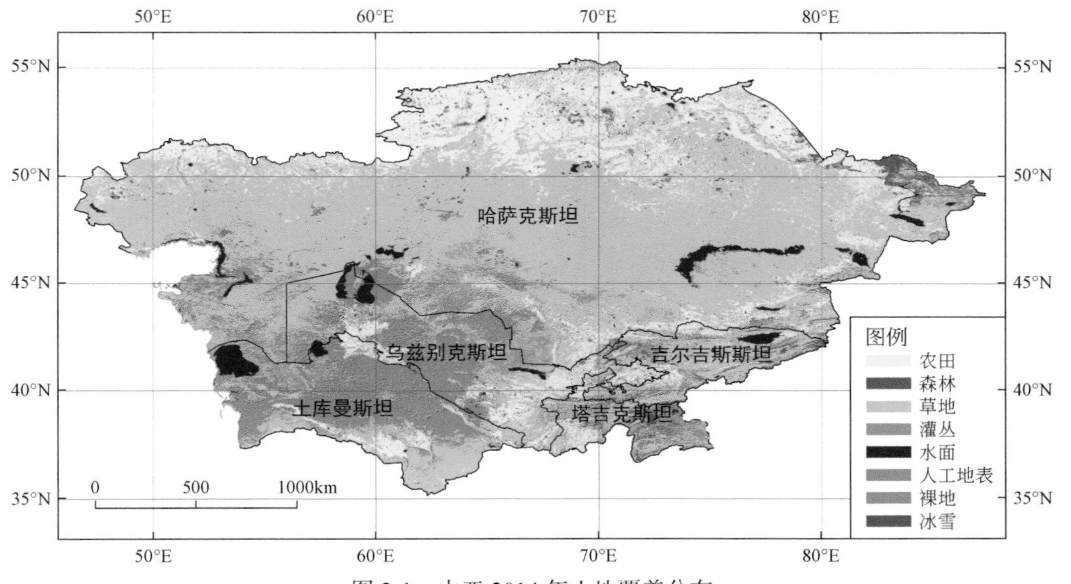

图 2-1　中亚 2014 年土地覆盖分布

库曼斯坦北部和乌兹别克斯坦中部区域；灌丛面积 16.84 万 km^2，占比 4.23%；森林面积仅 5.81 万 km^2，占比 1.46%；人工地表覆盖的面积为 3.19 万 km^2，仅占总面积的 0.80%，地广人稀，人类活动强度较弱（表 2-1）。

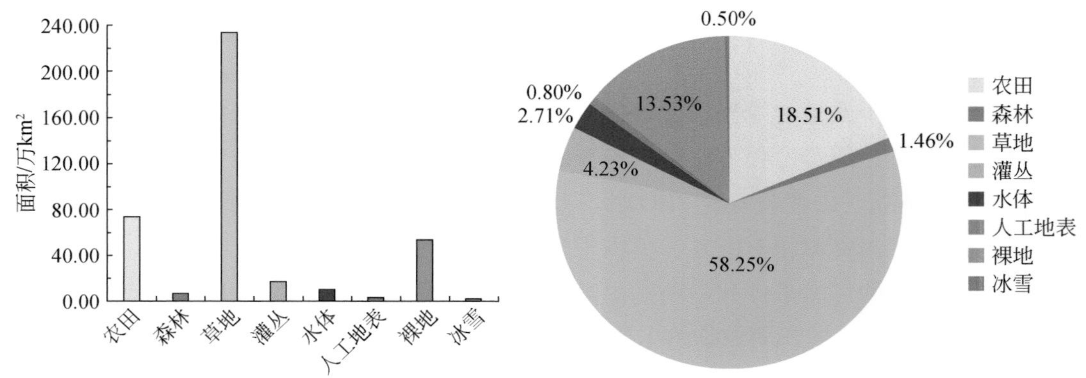

图 2-2　2014 年中亚土地覆盖类型面积及占地比例

表 2-1　2014 年中亚五国土地覆盖类型面积

项目		农田	森林	草地	灌丛	水体	人工地表	裸地	冰雪
哈萨克斯坦	面积 /km^2	562779	39305	1864325	62530	59554	13074	117901	1538
	占国土面积比 /%	20.68	1.44	68.51	2.3	2.19	0.48	4.33	0.06
	人均面积 /（hm^2/ 人）	3.26	0.23	10.78	0.36	0.34	0.08	0.68	0.01
乌兹别克斯坦	面积 /km^2	85075	2088	146025	42891	16814	12025	150427	148
	占国土面积比 /%	18.68	0.46	32.05	9.42	3.69	2.64	33.02	0.03
	人均面积 /（hm^2/ 人）	0.28	0.01	0.48	0.14	0.05	0.04	0.49	0.00
吉尔吉斯斯坦	面积 /km^2	27787	11231	119106	3497	7034	2325	18998	8091
	占国土面积比 /%	14.03	5.67	60.13	1.77	3.55	1.17	9.59	4.08
	人均面积 /（hm^2/ 人）	0.48	0.19	2.04	0.06	0.12	0.04	0.33	0.14
土库曼斯坦	面积 /km^2	44659	330	146127	53938	23886	2713	217700	0
	占国土面积比 /%	9.13	0.07	29.86	11.02	4.88	0.55	44.48	0
	人均面积 /（hm^2/ 人）	0.84	0.01	2.75	1.02	0.45	0.05	4.10	0.00
塔吉克斯坦	面积 /km^2	20858	5113	60021	5577	1228	1790	36982	10418
	占国土面积比 /%	14.69	3.6	42.26	3.93	0.86	1.26	26.04	7.34
	人均面积 /（hm^2/ 人）	0.25	0.06	0.72	0.07	0.01	0.02	0.45	0.13

哈萨克斯坦人均国土面积中亚五国中最大，达 15.74hm^2/ 人。草地面积较大，占国土总面积的 68.51%，其次为耕地面积，占 20.68%，人均草地和耕地面积分别为 10.78hm^2/ 人和 3.26hm^2/ 人，地广人稀，草地和耕地资源充足（图 2-3）。人工地表覆盖面积中亚五

国最高，为 0.08hm²/ 人。

土库曼斯坦人均国土面积为 9.22hm²/ 人，位居中亚五国第二。以裸地和草地为主，分别达到了国土面积的 44.48% 和 29.86%，人均裸地和草地面积分别为 4.10hm²/ 人和 2.75hm²/ 人（图 2-3）。农田和人工地表分别占 9.13% 和 0.55%。耕地面积为 0.84hm²/ 人。

乌兹别克斯坦人均土地面积在中亚五国中最少，仅为 1.48hm²/ 人。裸地和草地所占比例接近，分别为 33.02% 和 32.05%（图 2-3）。耕地占比 18.68%，人均农田面积仅为 0.28hm²/ 人。

吉尔吉斯斯坦人均国土面积为 3.39hm²/ 人，草地所占比例较大，高达 60.13%，耕地和裸地分别为 14.03% 和 9.59%（图 2-3）。人均农田面积为 0.48hm²/ 人。

塔吉克斯坦人均国土面积较低，仅为 1.71hm²/ 人。草地所占比例也较大，达到了 42.26%，裸地和农田所占比例较高，分别为 26.04% 和 14.69%（图 2-3）。草地和耕地人均面积分别为 0.72hm²/ 人和 0.25hm²/ 人。

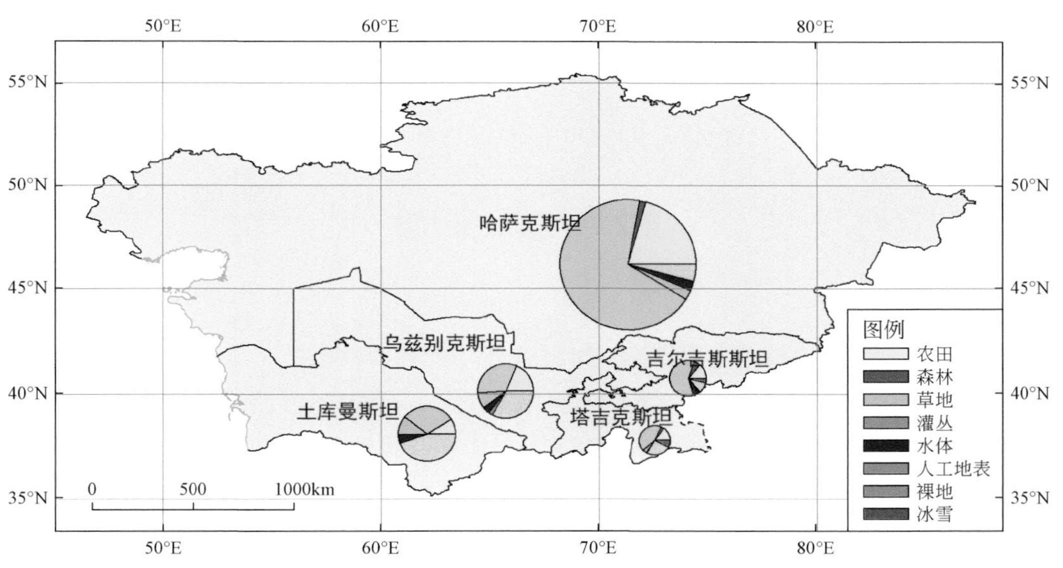

图 2-3　中亚五国 2014 年土地覆盖构成（图中直径代表国土面积）

2.1.2　土地开发强度低，城镇化相对集中

中亚土地开发主要集中在城镇及周边（图 2-4）。中亚地广人稀，总体土地开发强度较低，土地开发强度指数低于 0.4 的地区占中亚国土总面积的 72.07%，主要分布在哈萨克斯坦的中部和南部、乌兹别克斯坦除东南部、土库曼斯坦大部分区域以及塔吉克斯坦的东南部。土地开发强度介于 0.4 ～ 0.6 的中等开发地区面积占 17.41%，分布在哈萨克斯坦中部偏北的区域和中亚南部区域。开发强度为 0.6 ～ 0.8 的较高开发程度区域，分布

在哈萨克斯坦的最北部的农业生产集中区，占 10.39%。开发强度高于 0.8 的区域，都处于大城市和周边，仅占 0.13%。

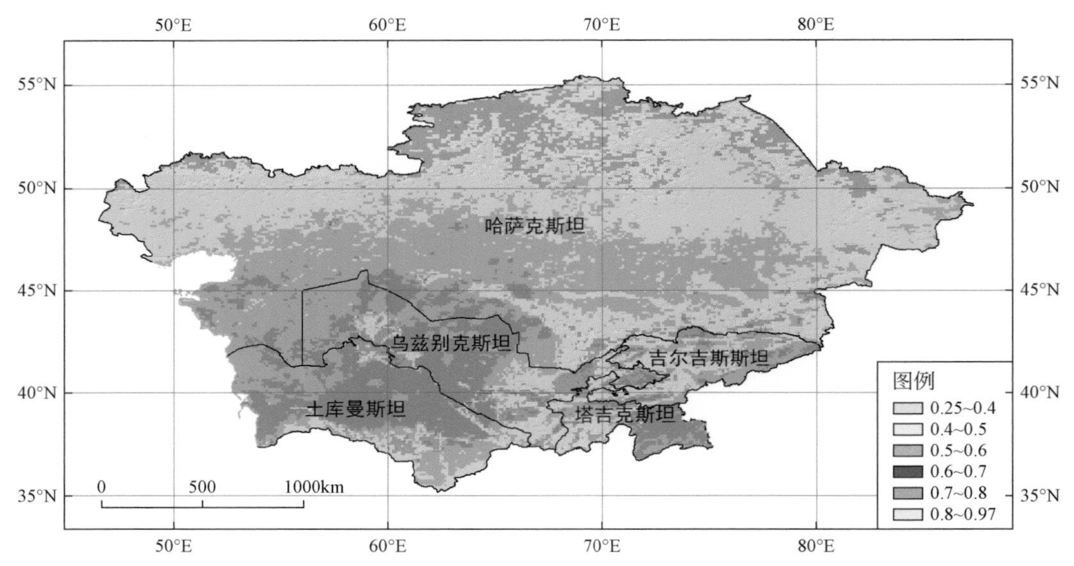

图 2-4　中亚地区土地开发强度指数分布

2.2　气候资源

2.2.1　光温与辐射

中亚地区太阳辐射整体水平较高，2014 年年均光合有效辐射在 70 ～ 120 W/m^2 之间，由北向南逐渐增加（图 2-5）。年光合有效辐射为 70 ～ 80W/m^2 的区域主要在哈萨克斯坦北部西伯利亚平原地区。年光合有效辐射为 110 ～ 120 W/m^2 区域主要分布在土库曼斯坦的东南部和塔吉克斯坦南部高山区。

年均光合有效辐射的最高值位于塔吉克斯坦境内，达到 115.83W/m^2；最低位于哈萨克斯坦，为 88.78W/m^2（图 2-6），两者的光合有效辐射差为 27W/m^2。中亚其余 3 国的年均光合有效辐射值都在 100W/m^2 以上。

中亚年均气温呈现北低南高，东高西低的特点（图 2-7）。年均气温低于 0℃的区域分布在哈萨克斯坦东北部的阿勒泰山山区、吉尔吉斯斯坦东部的天山山区和塔吉克斯坦东南部的喀喇昆仑山山区。年均气温高于 10℃的区域主要分布在土库曼斯坦全境，以及乌兹别克斯坦东南部和哈萨克斯坦南部的沙漠地区。

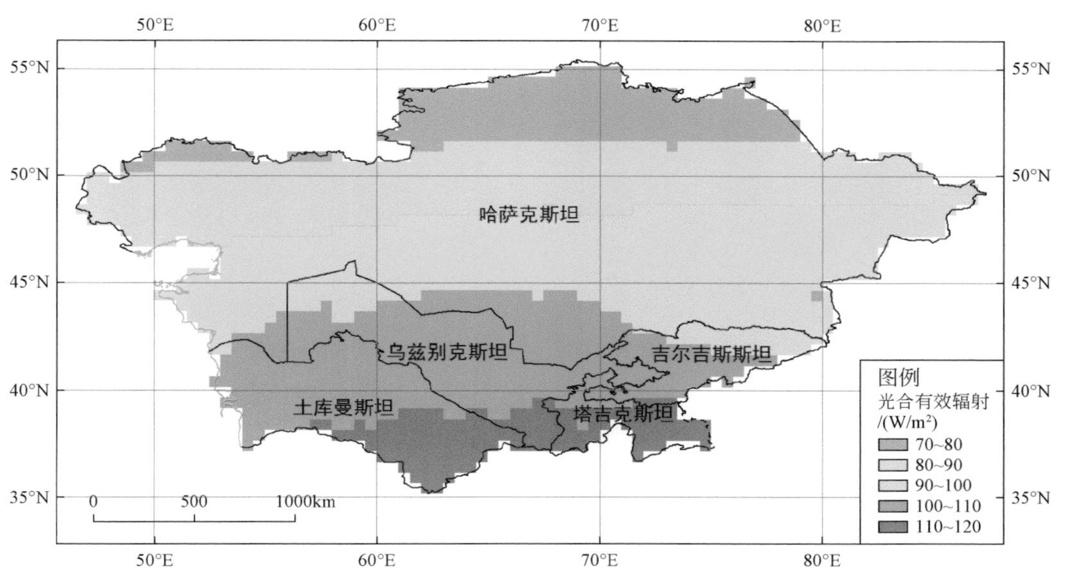

图 2-5　2014 年中亚光合有效辐射分布

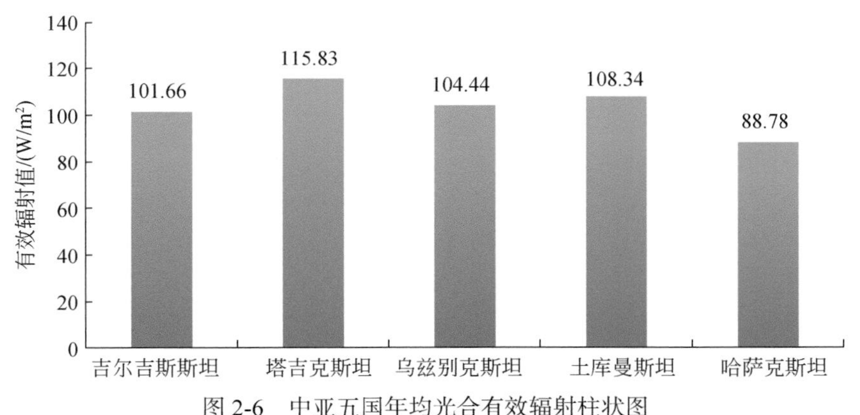

图 2-6　中亚五国年均光合有效辐射柱状图

中亚五国的年均温度差异较大，年均温度最高的土库曼斯坦和最低的塔吉克斯坦相差 16.77℃。土库曼斯坦沙漠广布，是中亚最热的地区，年均温度为 17.93℃。塔吉克斯坦大部分地区位于帕米尔高原，年均温度最低，为 1.16℃。乌兹别克斯坦的年均温度为 14.39℃。哈萨克斯坦年均温度为 7.64℃，吉尔吉斯斯坦的年均温度为 2.35℃（图 2-8）。

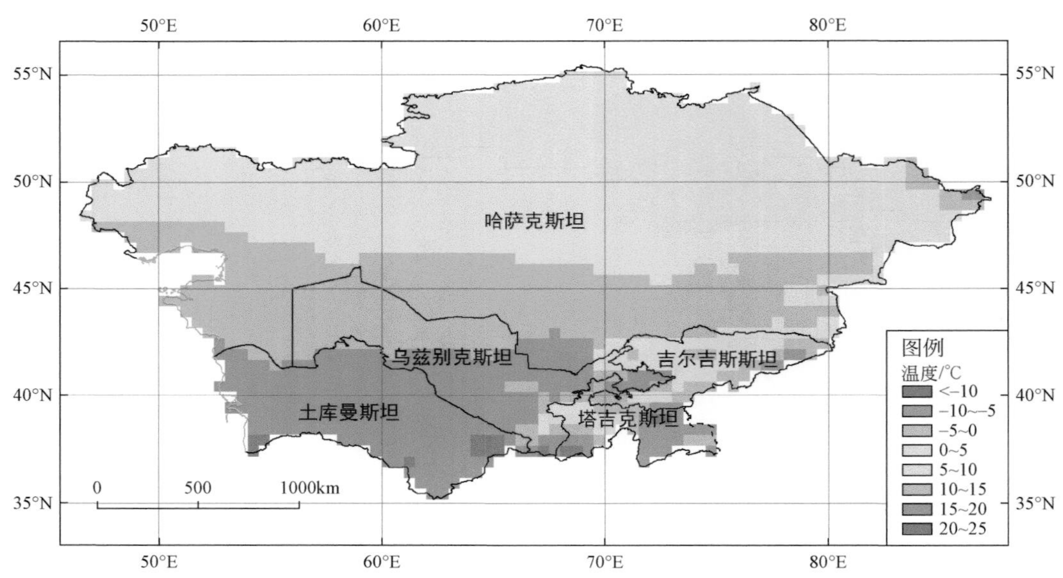

图 2-7　2014 年中亚温度空间分布

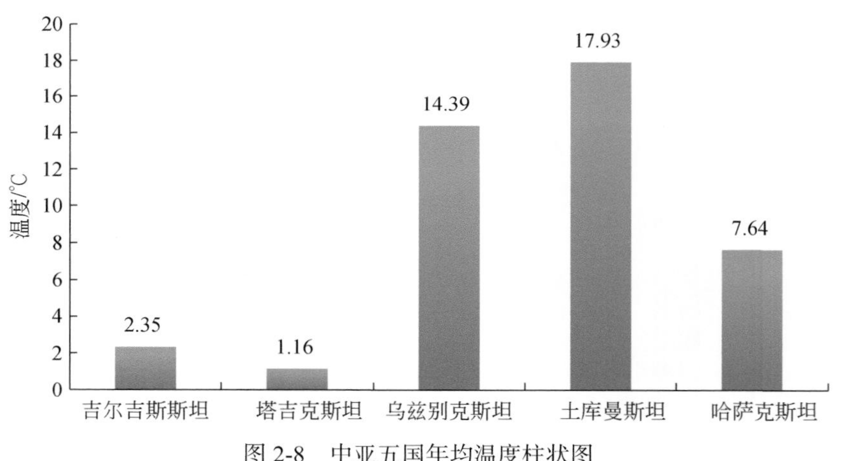

图 2-8　中亚五国年均温度柱状图

2.2.2　降水与蒸散

1. 降水量时空分布不匀，是世界最干旱的区域之一

分析 2014 年的中亚降水量空间格局（图 2-9），区域差异明显。年降水量由北向南逐渐减少，东部降水高于西部。土库曼斯坦全境、乌兹别克斯坦东部和中部，以及哈萨克斯坦中部以南的地区，年降水量为 0 ～ 100mm。塔吉克斯坦西部的帕米尔高原、吉尔吉斯斯坦西南部和东北部外天山山区，以及哈萨克斯坦东北部阿勒泰山区，年降水量达到 800mm 以上。

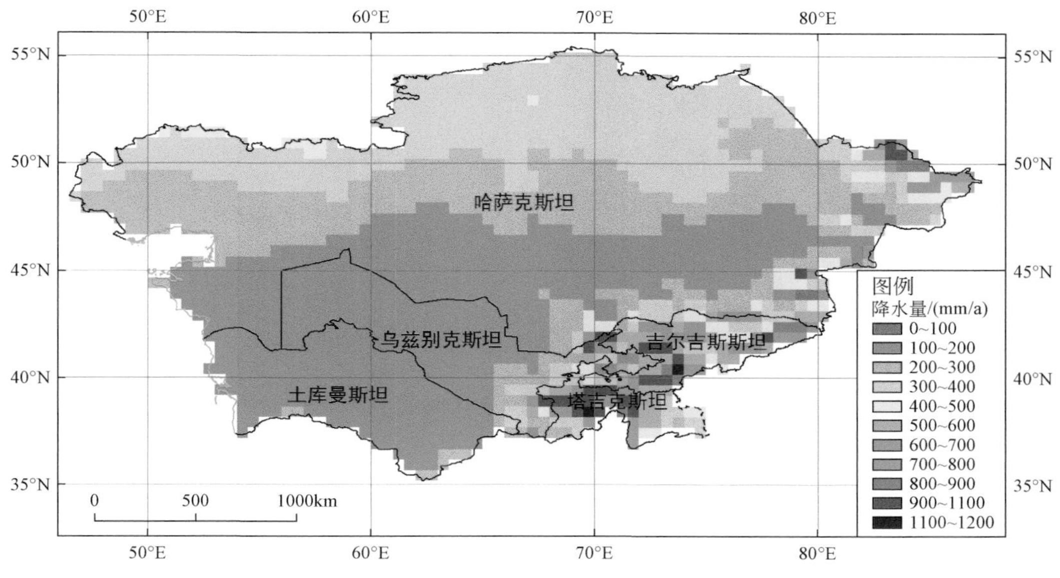

图 2-9　2014 年中亚降水量空间分布

受地形差异影响，中亚五国年降水量差异明显，最大值是最小值的近 4 倍（图 2-10）。吉尔吉斯斯坦和塔吉克斯坦是中亚年均降水量最多的国家，分别为 620.82mm 和 611.72mm，被誉为“中亚水塔”。中亚北部和中部的哈萨克斯坦，年均降水量为 271.13mm。乌兹别克斯坦和土库曼斯坦大部分地区被沙漠覆盖，年均降水量分别为 191.33mm 和 143.53mm，是世界最为干旱的区域之一。

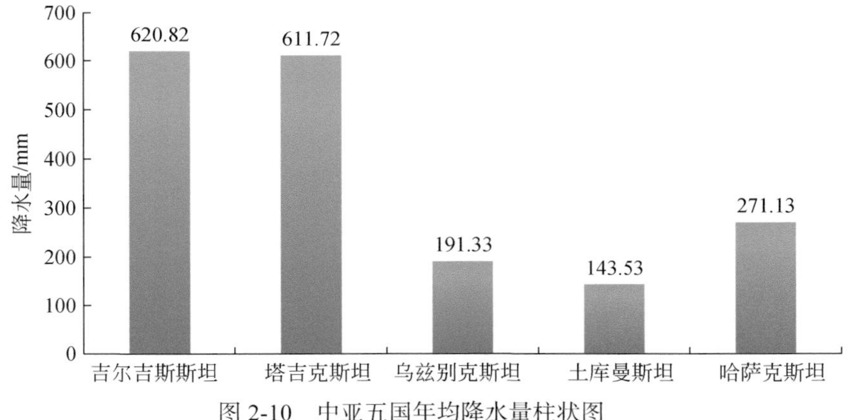

图 2-10　中亚五国年均降水量柱状图

中亚五国多年平均降水呈明显的季节变化规律，春季（3 ～ 5 月）降水较多，秋季（9 ～ 11 月）降水较少（图 2-11）。春季和夏季的降水占全年降水总量的一半以上。塔吉克斯坦是春季降水最多的国家，为 214.8mm，吉尔吉斯斯坦是夏季降水最多的国家，为 110.6mm。乌兹别克斯坦，塔吉克斯坦和土库曼斯坦三国季节降水分布规律一致，3 月降水量最大，7 ～ 9 月降水量最少。哈萨克斯坦和吉尔吉斯斯坦的季节降水分布相似，5 月降水量最大，8 ～ 9 月的降水量最少。

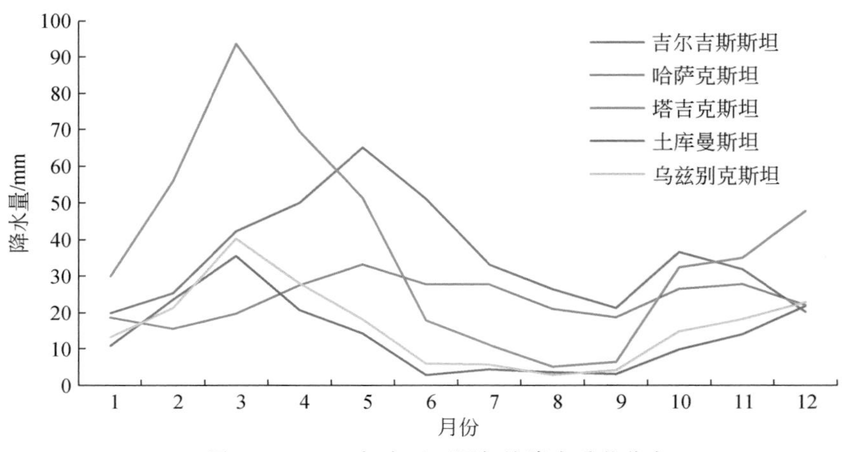

图 2-11　2014 年中亚五国年均降水季节分布

2. 蒸散发强烈，南部高于北部

中亚地区年蒸散量呈现“南部和西部高、北部和东部低”的特点（图 2-12）。年均蒸散量低于 1000mm 地区位于哈萨克斯坦最北部的额尔齐斯河下游地区和东南部山区、吉尔吉斯斯坦东部山区，以及塔吉克斯坦东部。年均蒸散量高于 2000mm 地区位于乌兹别克斯坦东部和土库曼斯坦南部广大沙漠区。

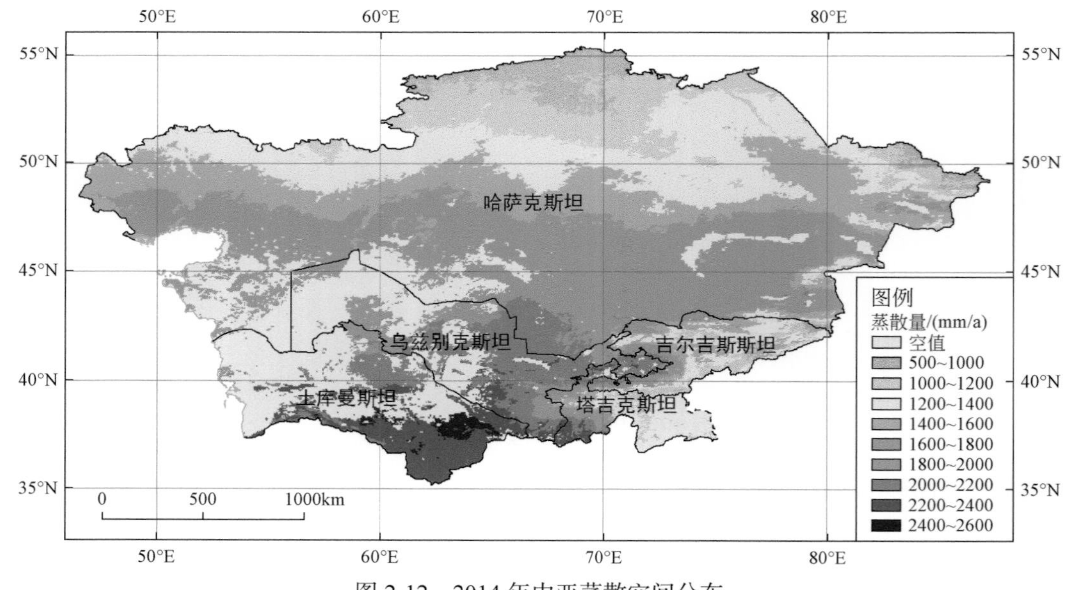

图 2-12　2014 年中亚蒸散空间分布

中亚五国年均蒸散量普遍较高，除塔吉克斯坦外，年均都超过 1000mm（图 2-13）。哈萨克斯坦年均蒸散量最高，为 1368.55mm。塔吉克斯坦斯坦山区面积占全国总面积 93% 以上，年平均蒸散量相对最低，为 988.30mm。土库曼斯坦和乌兹别克斯坦年均蒸发量为 1100 ～ 1200mm。

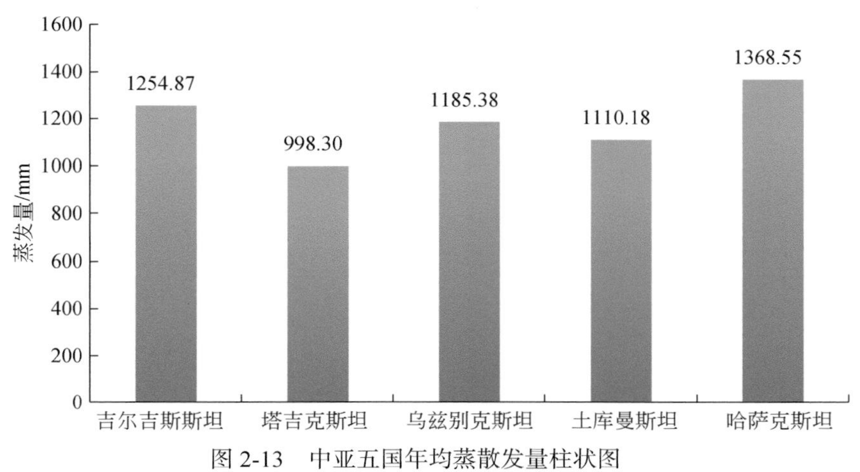

图 2-13　中亚五国年均蒸散发量柱状图

中亚五国的蒸散量呈明显的季节性变化（图 2-14），在 2 ～ 4 月快速增加，至 5 ～ 8 月达到最大（2000mm），9 月～ 10 月逐渐减少，至 12 月达到最低值。

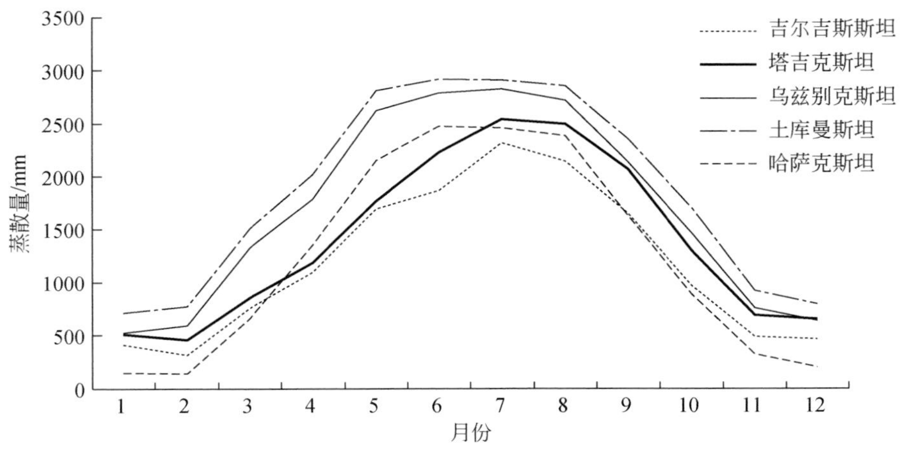

图 2-14　2014 年中亚五国年均蒸散量季节分布

3. 总体属于水分严重亏缺地区，南部比北部更加缺水

中亚区域整体处于水分严重亏缺状态，最低的区域也达到了 600mm，水分亏缺量较高的区域甚至达到了 2000mm 以上（图 2-15）。中亚南部地区最为缺水，年亏缺量相对较小的区域主要分布在哈萨克斯坦北部和东北部，以及吉尔吉斯斯坦和塔吉克斯坦东南

部等山区；年亏缺量最大的区域集中在中亚南部的土库曼斯坦和乌兹别克斯坦境内，该区域干旱少雨，沙漠分布广泛，蒸散量大，水分亏缺严重。

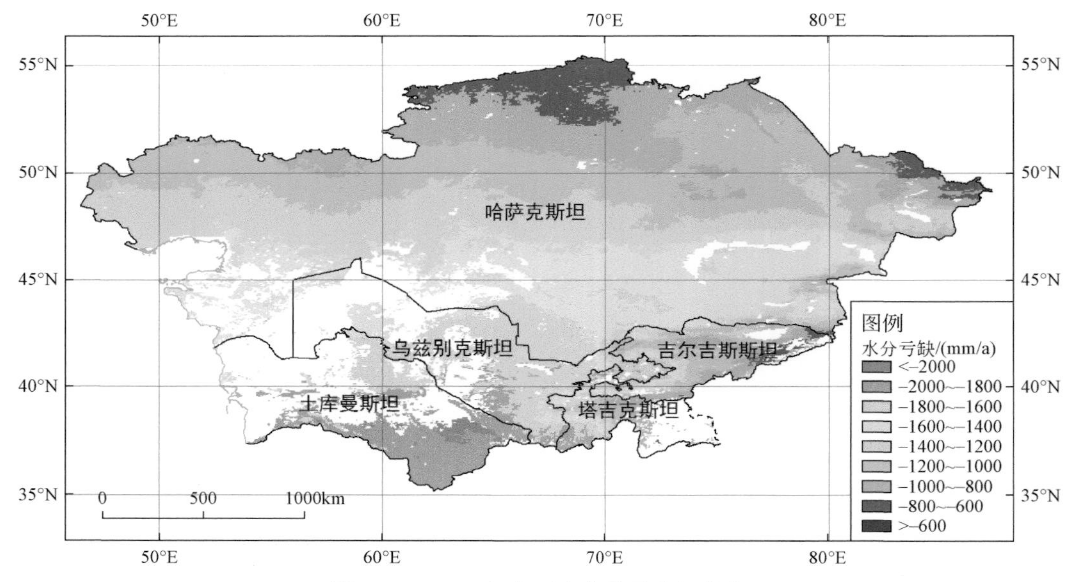

图 2-15　2014 年中亚水分盈亏空间分布

中亚五国水分亏缺程度总体都很高，年亏缺量均超过了 1000mm（图 2-16）。土库曼斯坦水分亏缺最为严重，年亏缺量达到了 1866.66mm，其次为乌兹别克斯坦，亏缺量也达到了 1662.62mm，吉尔吉斯斯坦年亏缺量也相对较少，为 1146.64mm。中亚属于典型的干旱内陆型气候，水分亏缺整体较高，节约用水和水资源高效利用尤为重要。

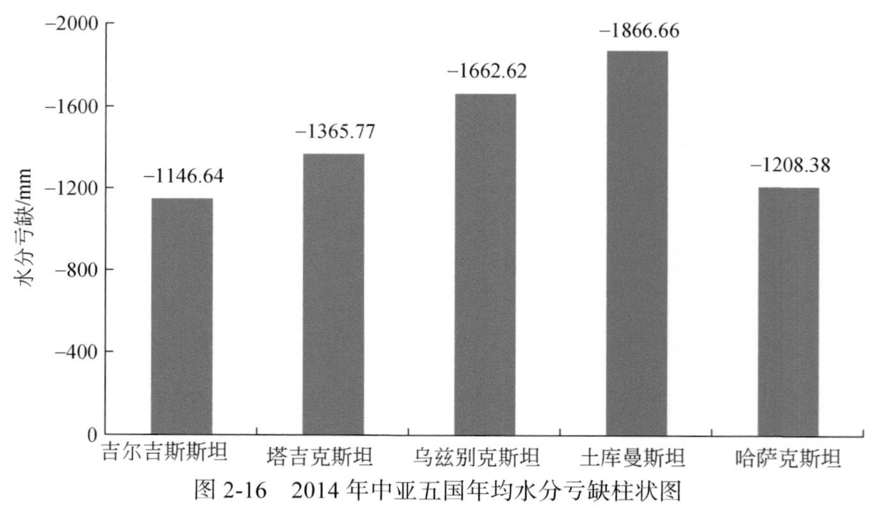

图 2-16　2014 年中亚五国年均水分亏缺柱状图

5 ～ 8 月是中亚地区水分亏缺最为严重的时段（图 2-17）。这期间，土库曼斯坦水分亏缺量高达 3200mm 以上。1 ～ 3 月和 10 ～ 12 月，由于气温较低，蒸散变少，水分亏缺程度有所降低。中亚水分亏缺最严重的季节正好和植被的生长季相重叠，在很大程度上加剧了水分亏缺的后果，造成植被生长水分的严重不足，水资源短缺给当地的生态环境建设和农业生产造成了极大的障碍。

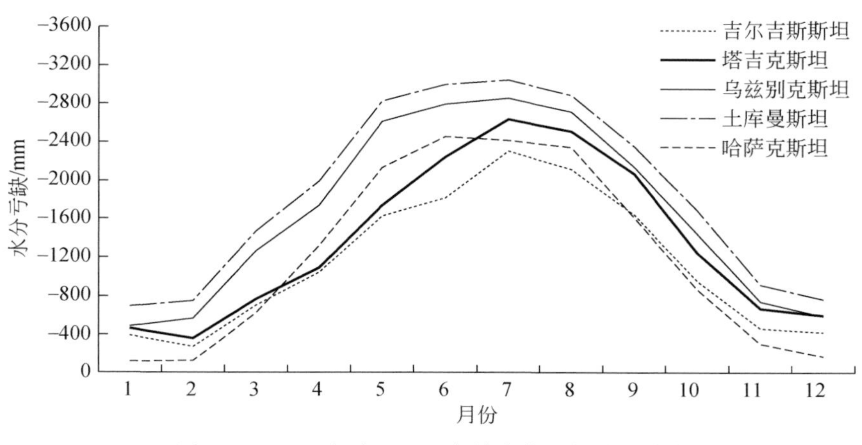

图 2-17 2014 年中亚五国年均水分亏缺季节分布

2.3 主要生态资源分布

2.3.1 农田生态系统

1. 以旱地农业为主，人均耕地面积大

2014 年中亚五国农田面积为 74.12 万 km^2，占中亚国土总面积的 18.51%，人均面积为 1.10hm^2/ 人。人均农田面积哈萨克斯坦最高，为 3.26 hm^2/ 人；土库曼斯坦为 0.85 hm^2/ 人；吉尔吉斯斯坦为 0.48 hm^2/ 人；乌兹别克斯坦和塔吉克斯坦最低，分别为 0.28 hm^2/ 人和 0.25 hm^2/ 人。

中亚的农田主要分布于哈萨克斯坦北部地区、阿姆河流域、锡尔河流域、南部吉尔吉斯斯坦和塔吉克斯坦的费尔干纳盆地（图 2-18）。中亚粮食生产以小麦、玉米和水稻为主，小麦分布在年降水量较多的半干旱地区，如北部哈萨克斯坦境内。中亚小麦产量占全球的 3.2%，哈萨克斯坦是全球主要小麦生产国和出口国之一。水稻分布在灌溉条件好的阿姆河、锡尔河和伊犁河沿岸地区。油菜、葵花、水果和蔬菜是中亚国家比较短缺的农产品，中亚五国都需要从国外大量进口。经济作物以棉花、甜菜和烟叶为主，棉花分布于阿姆河、锡尔河流域上游地区和南部山前地区。棉花是乌兹别克斯坦、土库曼斯坦和塔吉克斯坦农业的支柱产业。乌兹别克斯坦是世界棉花生产和出口大国之一，

2015年产量占世界第6位，约100万t，出口量占世界第5位。

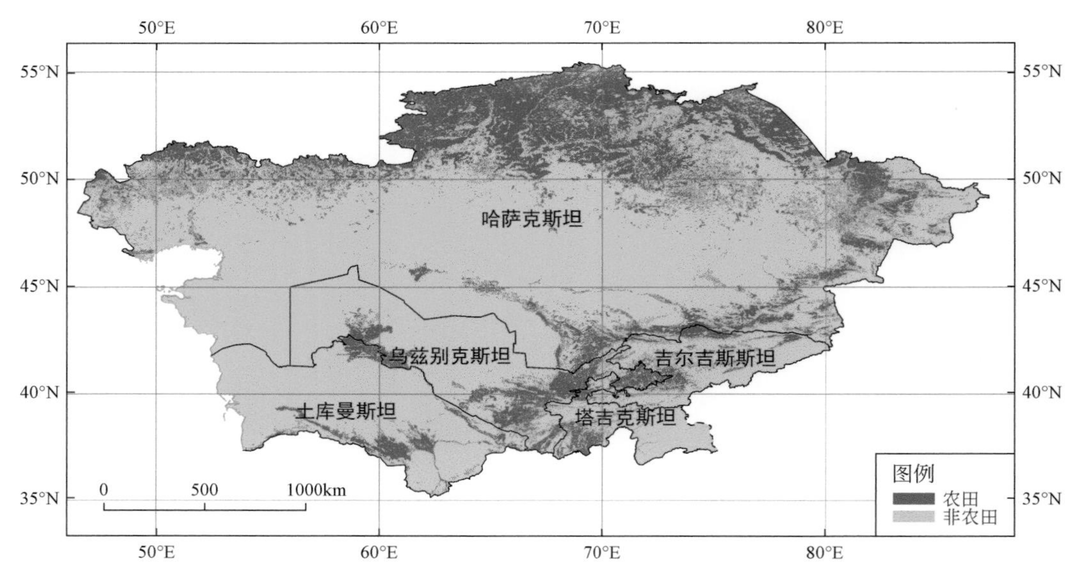

图 2-18　中亚地区农田空间分布

2. 农业种植强度较低，多为一年一熟的种植模式

2014年哈萨克斯坦和乌兹别克斯坦的小麦产量分别为1384万t和627万t，与上年相比分别减少了0.7%和8.3%（表2-2）。

表 2-2　2014 年中亚主要粮食生产国小麦作物产量和种植面积

国家	小麦		
	种植面积变幅 /%	产量 / 万 t	变幅 /%
哈萨克斯坦	1.7	1384	−0.7
乌兹别克斯坦	−5.3	627	−8.3

通过复种指数来看（图2-19），一年一熟的农田面积为21.63万km^2，占农田总面积的29.36%，主要集中分布在哈萨克斯坦北部区域。而休耕农田面积为52.49万km^2，占64%。中亚地广人稀，农业种植强度较低，农田后备耕地潜力巨大。

2.3.2　草地生态系统

1. 草地分布较广，北部和山区集中

2014年中亚的草地总面积为233.56万km^2，占国土总面积的58.25%，人均面积为3.46hm^2/人。人均草地面积哈萨克斯坦最高，为10.78 hm^2/人，其次是土库曼斯坦和吉

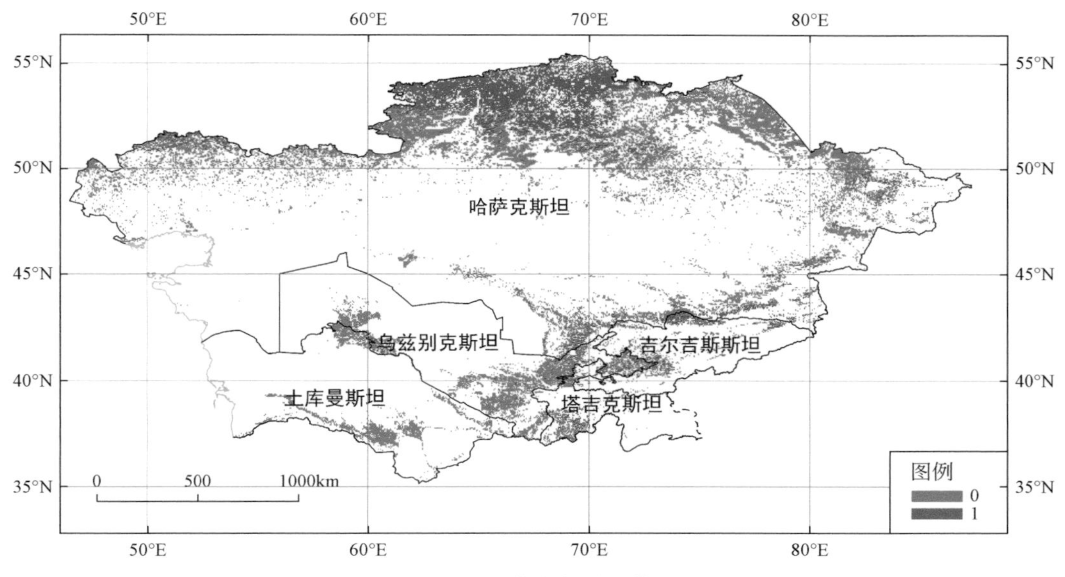

图 2-19　中亚作物复种指数分布

尔吉斯斯坦，分别为 2.75 hm^2/ 人和 2.04 hm^2/ 人，塔吉克斯坦和乌兹别克斯坦的人均草地面积最少，分别为 0.72 hm^2/ 人和 0.48 hm^2/ 人。

哈萨克斯坦中部平原，草地从东到西大面积连片分布，哈萨克斯坦北部和南部，草地和农田呈镶嵌分布格局。乌兹别克斯坦和土库曼斯坦的东南部都有较大面积的草地分布。塔吉克斯坦草地分布集中在中部地区。吉尔吉斯斯坦境内草地呈大面积连续分布。

2. 草地年最大 LAI 值整体较低，空间分布差异不明显

分析 2014 年中亚地区草地年最大 LAI 空间格局（图 2-20）。中亚地区草地年最大 LAI 整体偏低，年最大 LAI 低于 2 的草地面积占到了中亚草地总面积 82%。哈萨克斯坦北部水分条件较好，草地年最大 LAI 较高，为 4 ～ 5，哈萨克斯坦东南部的一些山区草地年最大 LAI 高于 3。中亚平原草地多属荒漠草地类型，土壤贫瘠，水分缺乏，植被稀疏，年最大 LAI 较低。

3. 年累积 NPP 较低，低值区分布范围大

利用 1km 遥感植被净初级生产力（NPP）产品，分析 2014 年中亚地区草地年累积 NPP 空间分布特征（图 2-21）。中亚地区草地年累积 NPP 处于较低水平，空间差异不明显，年累积 NPP 低于 200gC/m^2 的面积占草地总面积的 87%，主要分布在哈萨克斯坦中部平原区以及南部的国家。年累积 NPP 在 350gC/m^2 的草地仅出现在哈萨克斯坦最北端和吉尔吉斯斯坦和塔吉克斯坦山区。

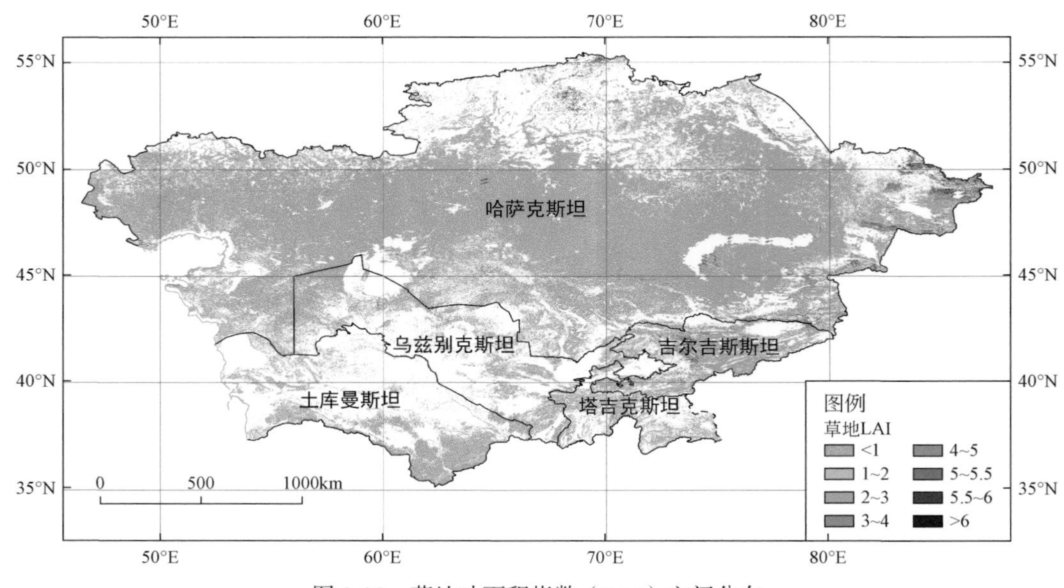

图 2-20　草地叶面积指数（LAI）空间分布

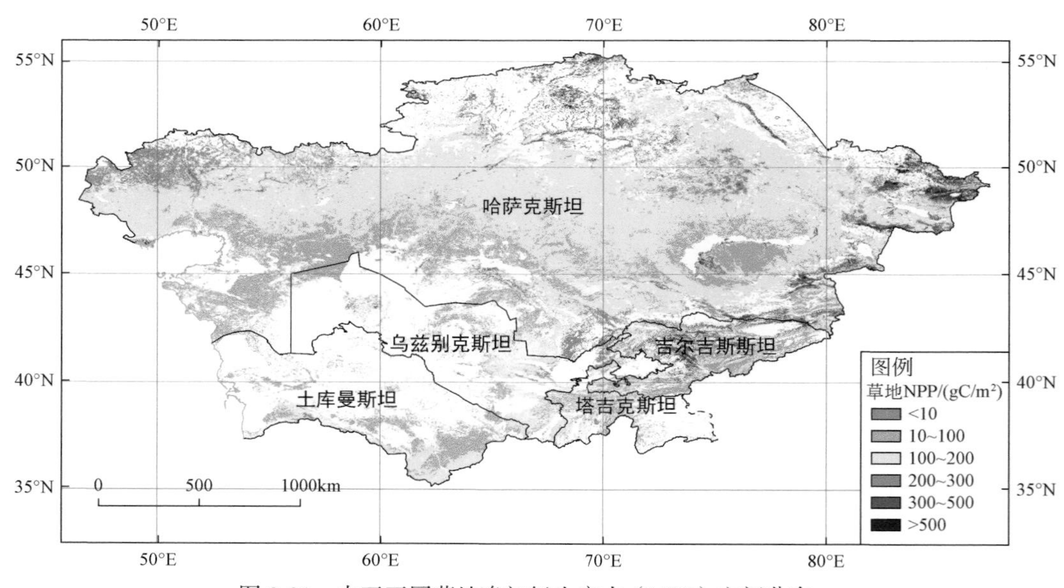

图 2-21　中亚五国草地净初级生产力（NPP）空间分布

4. 草地 FVC 整体较低，中低覆盖度草地占比大

利用 1km 遥感植被覆盖度（FVC）产品，分析 2014 年中亚地区草地年植被覆盖度的空间分布特征（图 2-22）。中亚五国草地植被覆盖度较低，草地 FVC 低于 20% 的面积占 33.85%，FVC 为 20% ～ 40% 的面积占 41.18%，FVC 高于 40% 的面积占 24.97%。

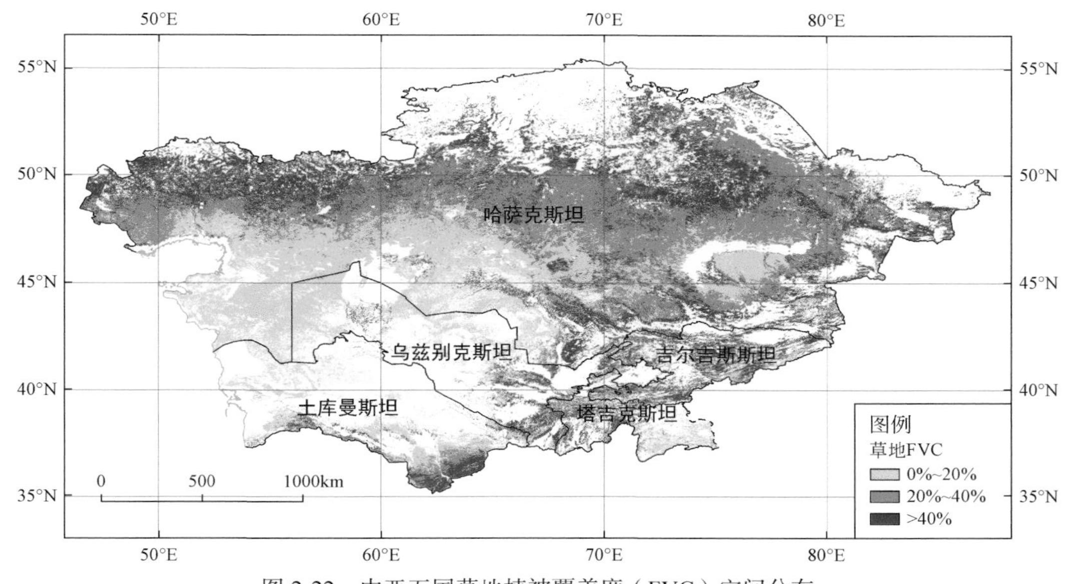

图 2-22　中亚五国草地植被覆盖度（FVC）空间分布

除吉尔吉斯斯坦和塔吉克斯坦山区草地 FVC 整体较高外，其他区域从北到南逐步递减，哈萨克斯坦北部农业区草地 FVC 较高，中部的荒漠草地 FVC 处于中等水平，乌兹别克斯坦和土库曼斯坦的大部分地区草地 FVC 也都处于较低水平，不到 20%。

2.4　丝绸之路经济带开发活动的主要生态环境因素

2.4.1　自然限制因子

1. 地形东高西低，局地高差巨大，整体平坦

中亚地区地势东南高、西北低，以平原、丘陵为主，沙漠广大（图 2-23）。塔吉克斯坦帕米尔地区和吉尔吉斯斯坦西部天山地区海拔为 4000 ～ 5000 m，长年冰雪覆盖，河流侵蚀作用强烈，地势陡峭，相对高差大。哈萨克斯坦西部里海附近卡拉吉耶洼地低于海平面 132 m。

2. 干旱少雨，水资源不足

中亚地区冬季处于亚洲高压西缘，被东北气流控制。夏季处于亚速尔高压东南边缘，由西北和偏北气流控制。南部的高山阻挡了水汽深入，加上处于亚欧大陆的腹地，气候十分干燥。年均降水量北部 200mm 左右，到塔什干西南的“饥饿草原”甚至不足 30mm，南部山脉的西南坡受冬季气旋影响，降水多达 1000mm。中亚南部以 3 月降水最多，12 月和 1 月次之，往北降水最多推迟至 4 ～ 5 月。高海拔山区因夏季对流多，降水最多

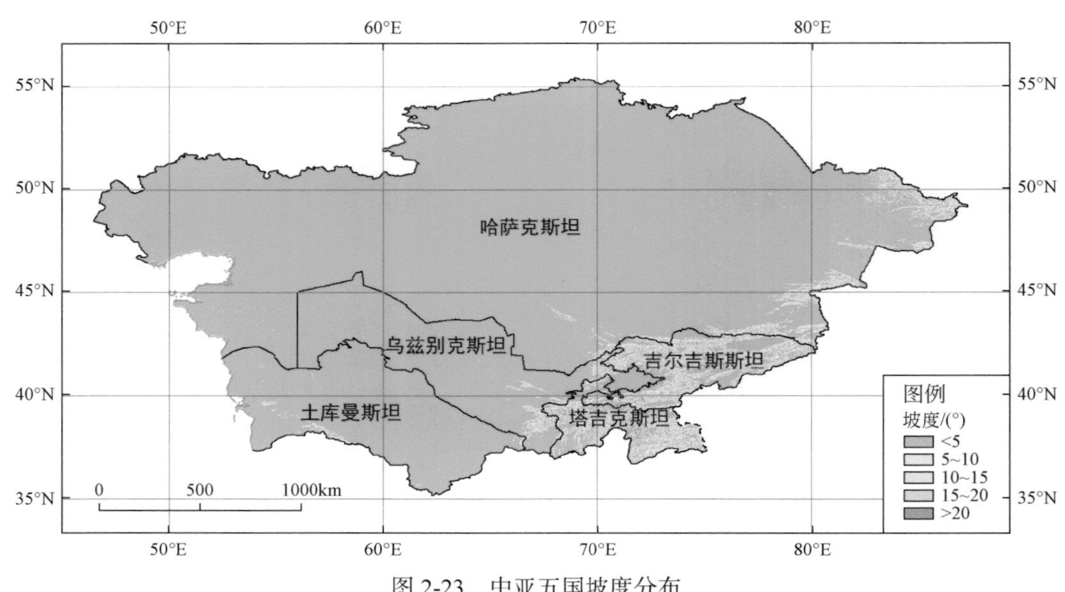

图 2-23　中亚五国坡度分布

月份在 6 ～ 7 月。干旱缺水造成了中亚区域，特别是哈萨克斯坦境内大面积的土地开发利用程度较低。

中亚五国农业用水比例高达 90% 以上。哈萨克斯坦、吉尔吉斯斯坦和塔吉克斯坦三国耕地灌溉比例基本在 8% ～ 10% 之间，土库曼斯坦和乌兹别克斯坦全部为灌溉农业。中亚地区水资源时空分布不均导致的灌溉用水保证率存在区域差异，如哈萨克斯坦中北部的农业用水保障率只有 53% ～ 90%。在枯水期，全国的保障率降到大约 60% 左右，上述各州则仅为 5% ～ 10%。过度的农业用水导致诸多湖泊萎缩和干涸，也带来了严重的生态退化问题，如锡尔河、阿姆河流域的水电开发和农区灌溉是导致"咸海危机"的主要原因。

3. 荒漠化土地面积大，荒漠化西部较东部严重

2014 年，中亚荒漠化土地面积为 73.11 万 km^2，占土地总面积的比例为 18.25%（图 2-24）。土库曼斯坦荒漠化土地面积最大，占到 61.94%，其次为乌兹别克斯坦，占 33.49%，哈萨克斯坦荒漠化土地所占比例较低，为 10.12%。吉尔吉斯斯坦和塔吉克斯坦则几乎没有荒漠化土地。

哈萨克斯坦荒漠化土地主要分布在克孜勒库姆沙漠的咸海以东、巴尔喀什湖东南以及与里海相邻的西哈萨克斯坦等区域。乌兹别克斯坦荒漠化土地主要分布在卡拉库姆沙漠和克孜勒库姆沙漠边缘、阿姆河三角洲以及内陆河的两岸。土库曼斯坦荒漠化土地分布最为广泛，在卡拉库姆沙漠边缘、绿洲边缘、河流两岸等区域均有分布。

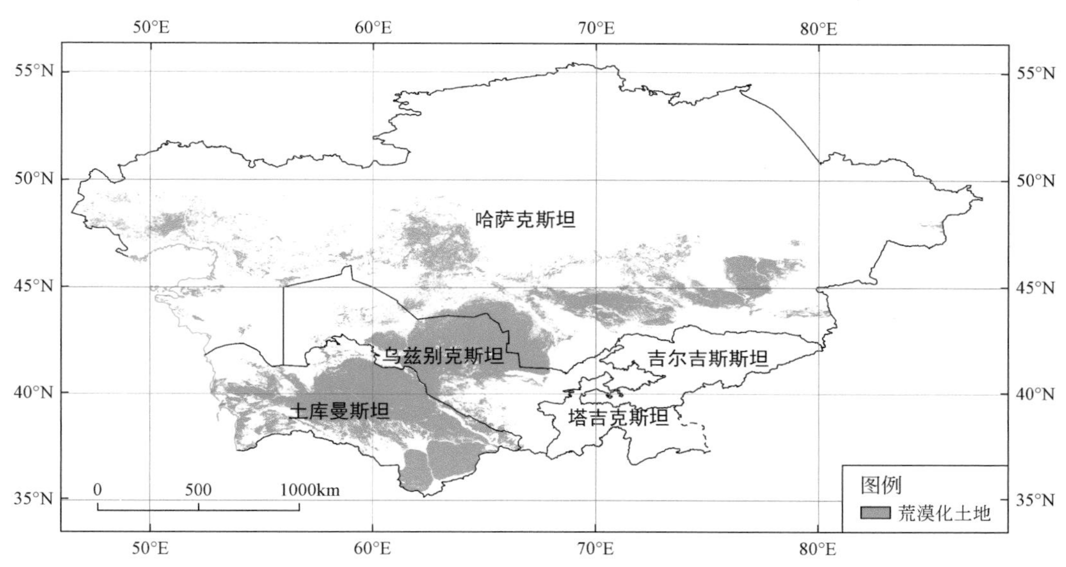

图 2-24　中亚五国荒漠化土地分布

2.4.2　自然保护区需求

中亚保护区数量不多，面积占比不大（图 2-25）。区域内自然保护区总面积 14.73 万 km^2，占中亚国土总面积的 3.68%（表 2-3）。塔吉克斯坦保护区所占面积比例最高，达到了 21.52%，其次为吉尔吉斯斯坦和土库曼斯坦，分别占 6.55% 和 4.72%，哈萨克斯坦和乌兹别克斯坦比例较低，分别为 2.64% 和 1.96%。

中亚五国面积在 1000km^2 以上的自然保护区有 36 个，其中哈萨克斯坦分布有 26 个，土库曼斯坦有 4 个，吉尔吉斯斯坦有 3 个，塔吉克斯坦有 2 个，乌兹别克斯坦有 1 个。面积最大的自然保护区是塔吉克斯坦国家公园，面积为 4.87 万 km^2，位于帕米尔高原区域；其次是哈萨克斯坦里海沿岸的 Kenderli-Kajasanskaya 自然保护区，面积 1.34 万 km^2；位于第三的是吉尔吉斯斯坦的伊塞克湖自然保护区，面积 0.63 万 km^2。

中亚自然保护区内生活着一些珍稀野生动物，如盘羊、野驴、欧洲盘羊、天山棕熊、雪豹、狞猫、突厥斯坦猞猁等。植物资源也同样丰富多样，如哈萨克斯坦的伊犁—阿拉套国家自然公园和阿尔特内梅尔国家自然公园的植物种类达 1800 种以上；卡通—卡拉盖国家自然公园和阿克苏—扎巴格雷自然资源保护区的植物种类有 1000 种以上；吉尔吉斯斯坦的伊塞克湖野生动物保护区，是世界上最大的高山内陆湖之一，生活有超过 40 种的哺乳动物和 200 种的鸟类。

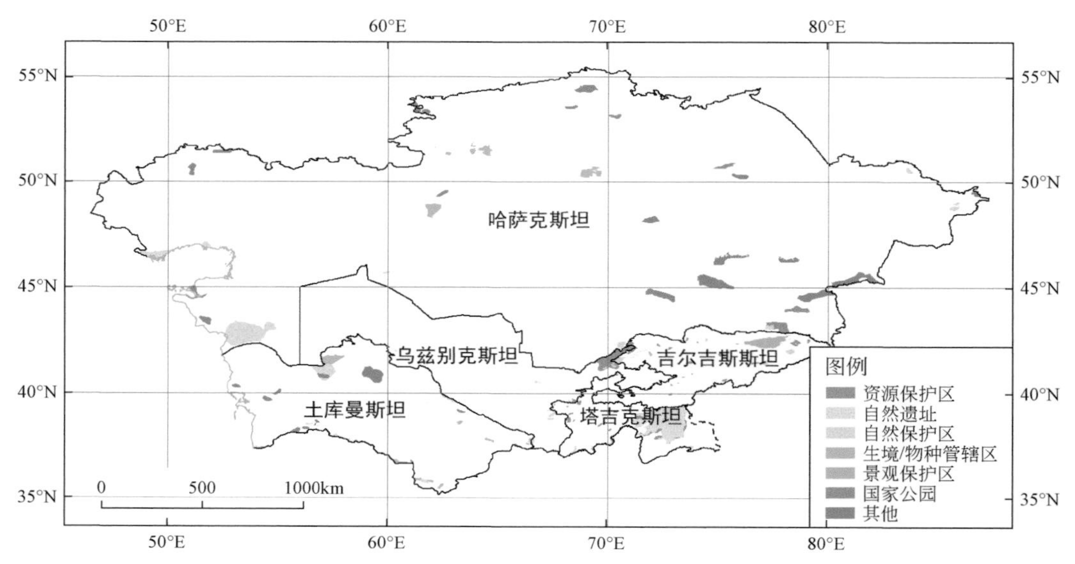

图 2-25 中亚五国保护区分布

表 2-3 中亚五国自然保护区分布面积统计表

项目	哈萨克斯坦	土库曼斯坦	塔吉克斯坦	吉尔吉斯斯坦	乌兹别克斯坦
保护区面积 /km^2	71737.99	23106.87	30564.86	12971.62	8907.29
保护区占国土面积比例 /%	2.64	4.72	21.52	6.55	1.96

2.5 小　　结

中亚地处大陆性干旱气候区，土地覆盖以草地、农田和裸地为主，自然环境相对较差，生态系统较为脆弱。中亚气候干旱，降水稀少，地表蒸散发强烈。哈萨克斯坦草地占绝对主导地位，达到了国土总面积的 68.51%，其次为耕地面积，占 20.68%，人均农田面积最大，为 3.62hm^2/ 人；土库曼斯坦的裸地和草地分别占国土面积的 44.48% 和 29.86%，人均农田面积仅有 0.84hm^2/ 人；乌兹别克斯坦裸地和草地分别占 33.02% 和 32.05%；吉尔吉斯斯坦草地所占比例达到了 60.13%，人均农田面积为 0.48hm^2/ 人。中亚整体上森林分布面积较少。中亚河流和湖泊虽然广泛分布，但水资源的过渡开发利用，造成荒漠化等严重的生态环境问题。中亚在“丝绸之路经济带”开发建设中，要大力倡导可持续发展理念，坚持环境保护与经济社会协调发展。

第 3 章　重要节点城市分析

古丝绸之路自中国新疆出发，翻越天山，横穿费尔干纳盆地，途经众多重要驿站和商贸中心，大部分驿站成为中亚国家的重要城市，形成历史悠久的丝路文明（图 3-1）。依托中亚国家现代公路和铁路交通网络，“丝绸之路经济带”正以全新的内涵连接中亚各国的重要城市，以沿线的重要城市支撑，通过一系列大型基础设施的规划和建设，将促进中亚地区与中国、欧洲等经贸和政治合作。全新的发展机遇将使沿线节点城市重现历史辉煌（图 3-2）。

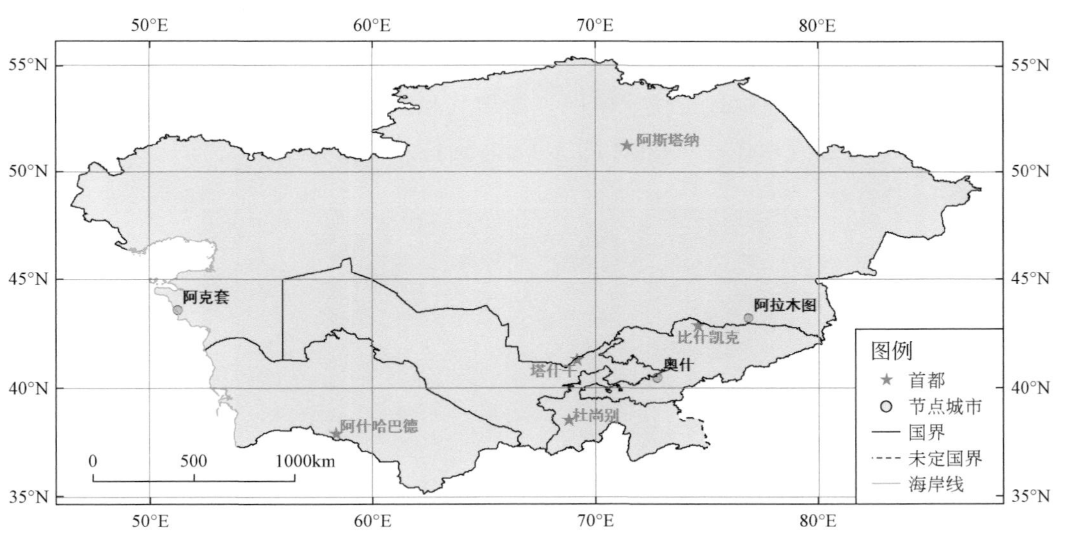

图 3-1　中亚地区“丝绸之路经济带”节点城市分布

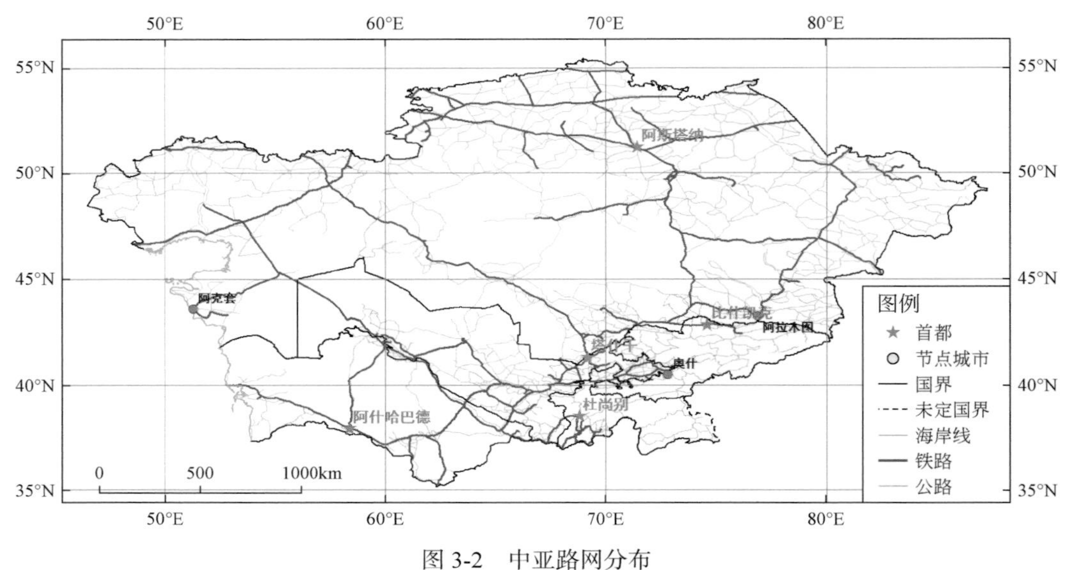

图 3-2　中亚路网分布

3.1　阿拉木图市

3.1.1　概况

阿拉木图市地处欧亚腹地，位于哈萨克斯坦共和国东南部，东邻中国新疆、南接吉尔吉斯斯坦，平均海拔 600 ～ 900m（图 3-3）。阿拉木图市是哈萨克斯坦第一大城市，

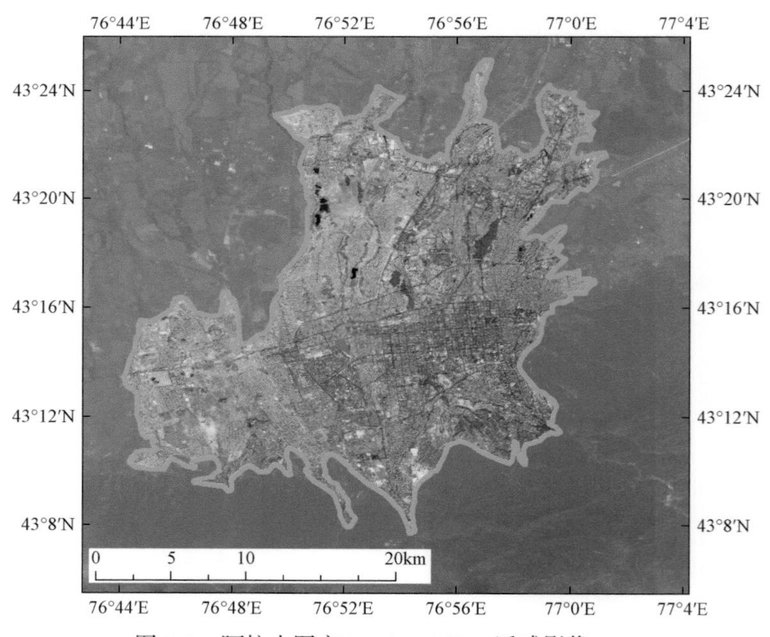

图 3-3　阿拉木图市 Landsat 8/OLI 遥感影像

有15所高等院校，以及大批的科研机构和文化设施，集科技、文化、工业、贸易等功能为一体，是中亚重要的公路、航空枢纽城市，也是中亚最具影响力的城市之一。2014年城市总人口达164万，建成区面积为726.16km^2。阿拉木图市在1929～1991年为哈萨克苏维埃社会主义共和国的首府，1991～1997年为哈萨克斯坦首都，1998年后成为哈萨克斯坦直辖市。

3.1.2　典型生态环境特征

阿拉木图市位于外伊犁阿拉套山北麓，伊犁河下游的人工灌溉绿洲，属于温带大陆性气候。主要河流有大阿拉木图河和小阿拉木图河，市区内最大的湖泊为海拔2510m的大阿拉木图湖。

阿拉木图市是中亚不透水层密度较高的城市之一，城市不透水层占地率高达71.48%，城市绿化率偏低，建成区内植被覆盖率仅为11.03%。

以2015年的Landsat8/OLI影像为基础，提取城市不透水层和绿地（图3-4）。阿拉木图市沿河而建，向北部和西部呈片状扩展，北部分布大面积农田，南部为阿拉套山森林和草原。2015年阿拉木图市的不透水层面积为269.31km^2，建成区分布有人工绿地，面积为50.89km^2，绿地比例11.03%（图3-5）。阿拉木图市裸地主要分布在建成区北部外围地区，面积54.98km^2，占该市总面积11.92%。

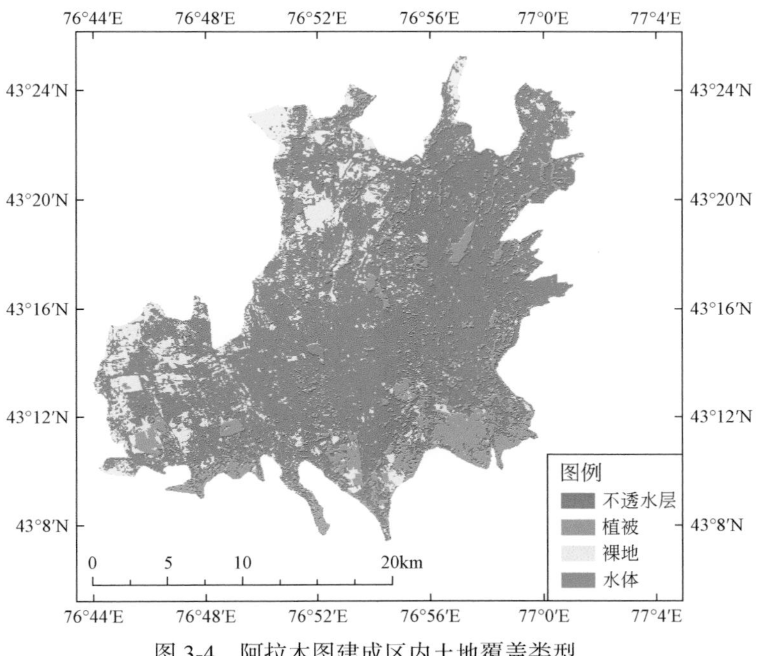

图3-4　阿拉木图建成区内土地覆盖类型

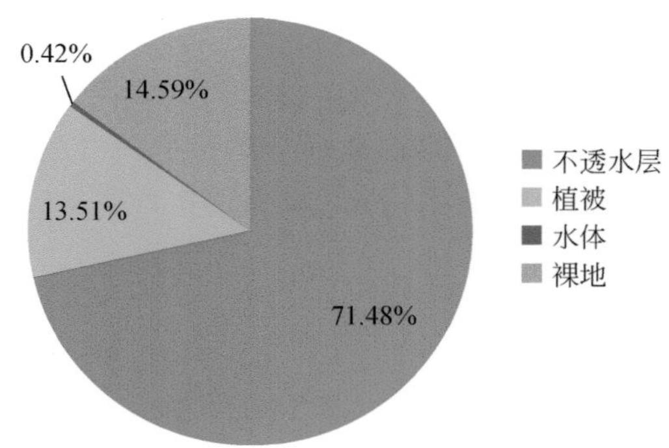

图 3-5 阿拉木图市建成区内各类型用地面积及所占比例

阿拉木图城市周边耕地、林地、草地广布，城市向北部的扩展空间比较充足。

以 2014 年土地覆盖数据为基础，以阿拉木图建成区周边 10km 缓冲区为界限，分析其周边生态环境状况（图 3-6）。由于丰富的水资源和当地有利的气候条件，阿拉木图城市周边主要以农田为主，占地面积为 709.89km^2，占地比例为 51.83%，分布在冲积扇平原北部（图 3-7）。缓冲区内的人工地表面积 135.58km^2，占地比例 9.9%。南部山区草地和森林资源丰富，占地比例分别为 14.32% 和 23.58%。

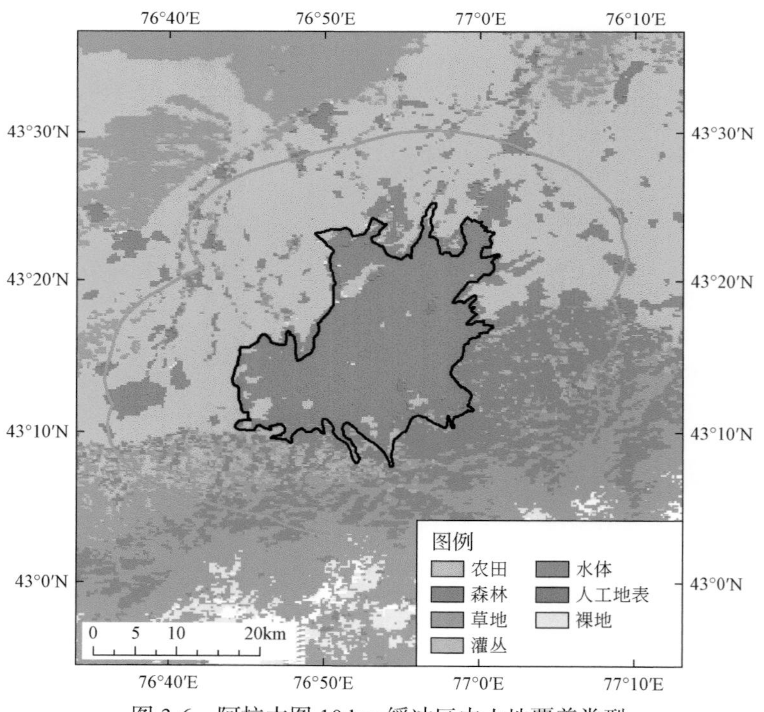

图 3-6 阿拉木图 10 km 缓冲区内土地覆盖类型

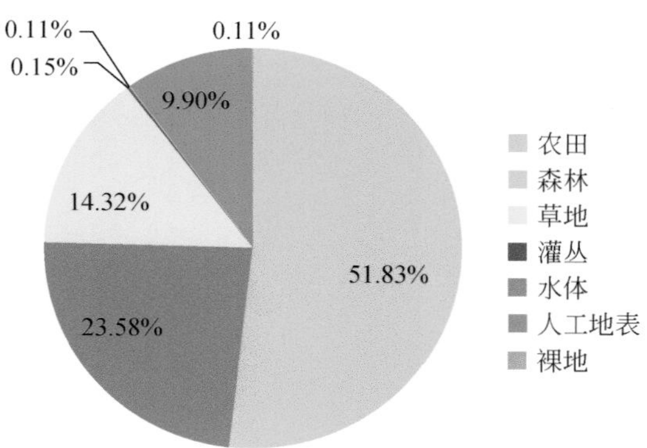

图 3-7　阿拉木图市缓冲区内各类型用地面积及所占比例

3.1.3　城市发展现状与潜力评估

阿拉木图建成区中心的灯光指数趋于饱和，2000 ～ 2013 年城市夜间灯光亮度的增加主要集中在建成区周边，城市具有一定的扩展幅度，城市周边自然环境较好，水土资源丰富，城市发展的限制性因素不多，城市发展潜力较大。

2013 年阿拉木图夜间灯光高值主要分布在城市中心，城市中心聚集度明显增强，城市周边较高亮度灯光值范围向外蔓延（图 3-8）。14 年间，建成区边缘地带附近灯光指

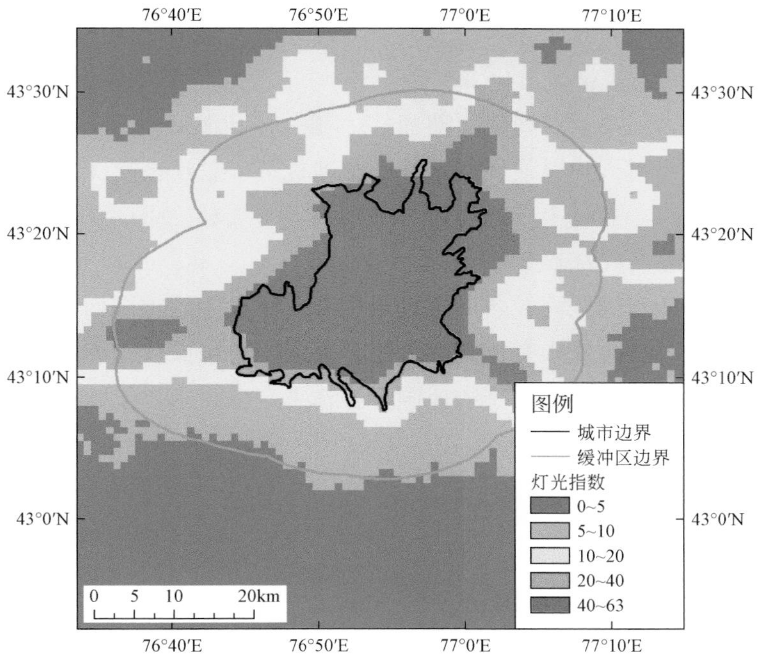

图 3-8　2013 年阿拉木图市夜间灯光指数

数年变化斜率最大，增长率在 2 以上（图 3-9）。表明城市周边发展迅速。

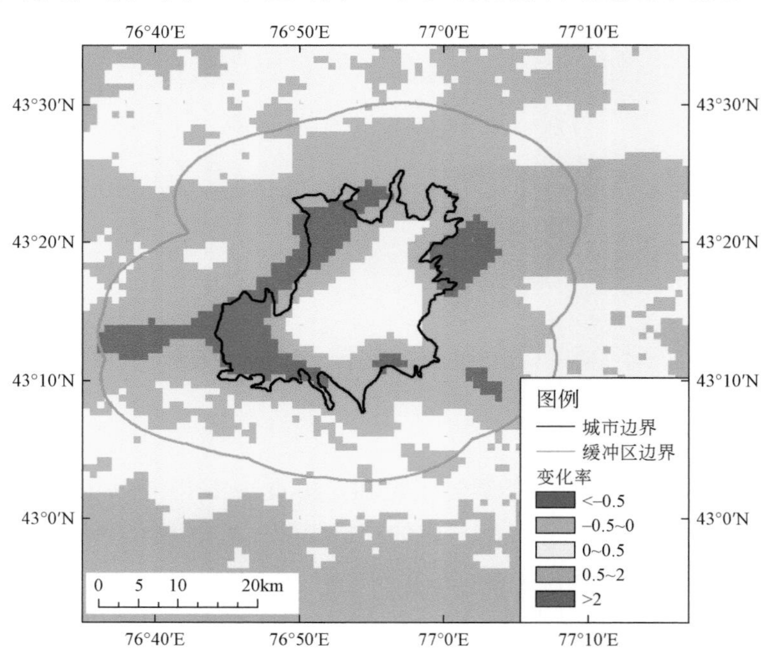

图 3-9 阿拉木图 2000-2013 年夜间灯光指数变化率

结合阿拉木图周边自然生态环境与城市发展现状，城市南部周边草场广布，应重点保护生态，北部适宜大规模城市化。

阿拉木图市自古以来就是丝绸之路通往中亚的必经之路，距离最近的中哈霍尔果斯口岸仅有 360km，有得天独厚的便利条件和交通优势。是连接欧洲和亚太两大经济圈的重要国际物流运输中心和陆上交通枢纽。中哈石油管线和三条中亚天然气管线都通过这里，是中亚油气管道的重要节点城市。

中国发往欧洲的班列经阿拉木图市进入中亚。建设中的中国西部和欧洲西部的"双西公路"也经过此处。多家中资机构和大型企业驻哈总部或代表处均设于该市，"丝绸之路经济带"重大倡议的中哈首个物流国际合作平台项目落户于此，城市的中亚重要贸易中心作用凸显。作为中亚最具影响力的城市，阿拉木图发展潜力巨大。

3.2 阿克套市

3.2.1 概况

阿克套市是哈萨克斯坦曼吉斯套州首府，位于哈萨克斯坦西部、里海东岸，是哈萨克斯坦第六大城市，是里海著名的港口城市（图 3-10）。2014 年人口为 18.2 万人，城市面积为 365 km^2。该市拥有一个国际机场和哈萨克斯坦唯一的国际海港，港口面积 81.7hm^2。阿克套市是哈萨克斯坦重大石油天然气产区之一和重要的天然气化学工业基地。该市所在地以前荒无人烟，由于最早发现铀矿于 1964 年建市，城市名称最初为舍甫琴科市，1991 年改为阿克套市。

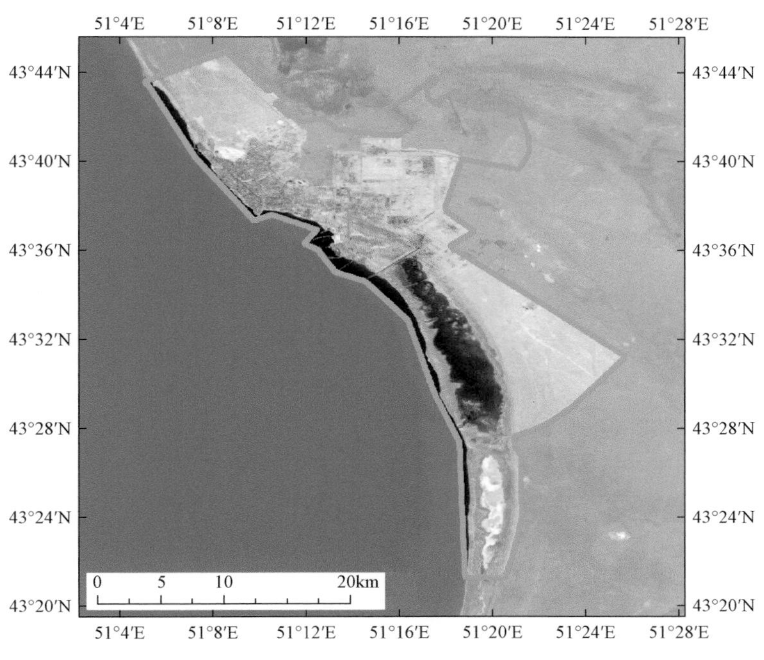

图 3-10　阿克套市 Landsat 8/OLI 遥感影像

3.2.2　典型生态环境特征

阿克套市具有典型的荒漠气候特征，夏季炎热干燥，1 月平均气温 1.4℃，7 月为 27℃，夏季最高气温可达 45℃。城市饮用水主要依靠海水淡化。

阿克套市不透水层主要分布在北部沿港口附近，其余以裸地为主，城市内绿地面积极少，水资源缺乏。

以 2014 年的 Landsat 8/OLI 数据为基础，提取城市不透水层和绿地。阿克套市沿里海海岸而建，以沿海港口为中心向东部，呈片状填充式发展（图 3-11）。整个城市裸地面积较大，为 185.77km^2，占总面积的 50.88%（图 3-12）。阿克套市不透水层分布比较集中，以港口为中心，向东部辐射发展，面积为 111.50km^2，占 30.54%。阿克套市人工绿地面积不高，主要分布在街道两侧和居民区，面积仅为 15.95km^2，约占 4.37%。

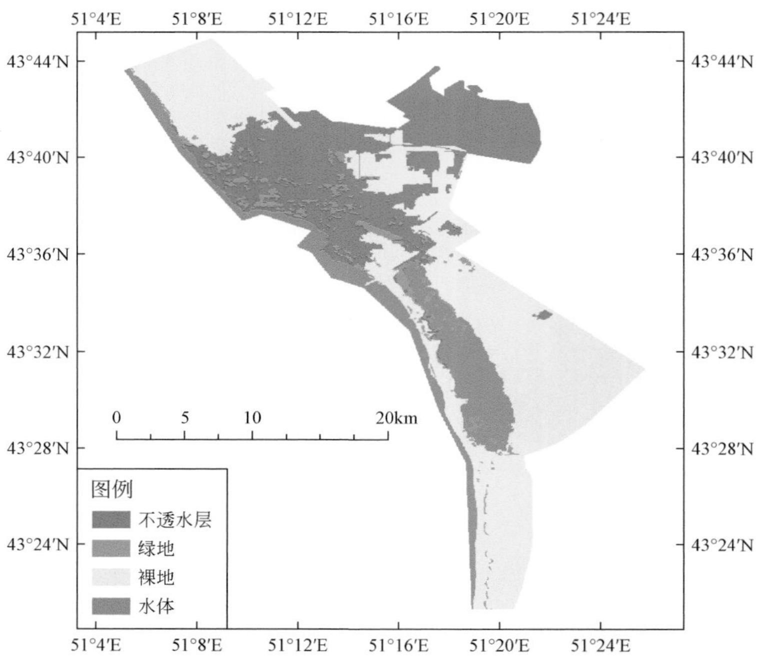

图 3-11　阿克套建成区内土地覆盖类型

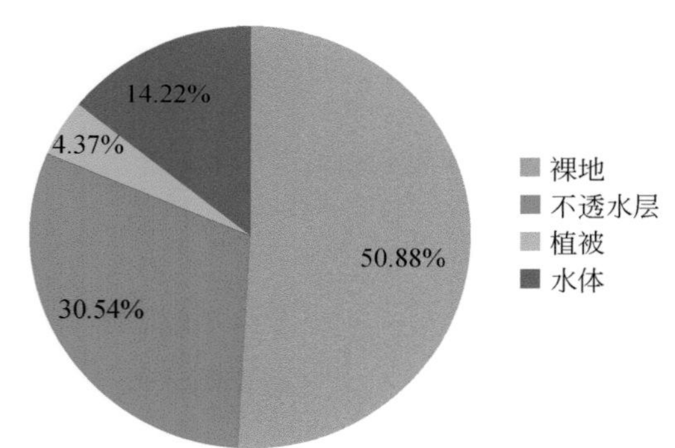

图 3-12　阿克套市建成区内各类型用地面积及所占比例

阿克套市周边以荒漠和裸地为主面积分别为 884.06 km^2 和 612.20 km^2，占比分别为 45.22% 和 31.31%，（图 3-13、图 3-14）。阿克套地处荒漠平原区，水资源短缺，周围缺少适宜建设的优质土地，城市空间扩展受到限制。

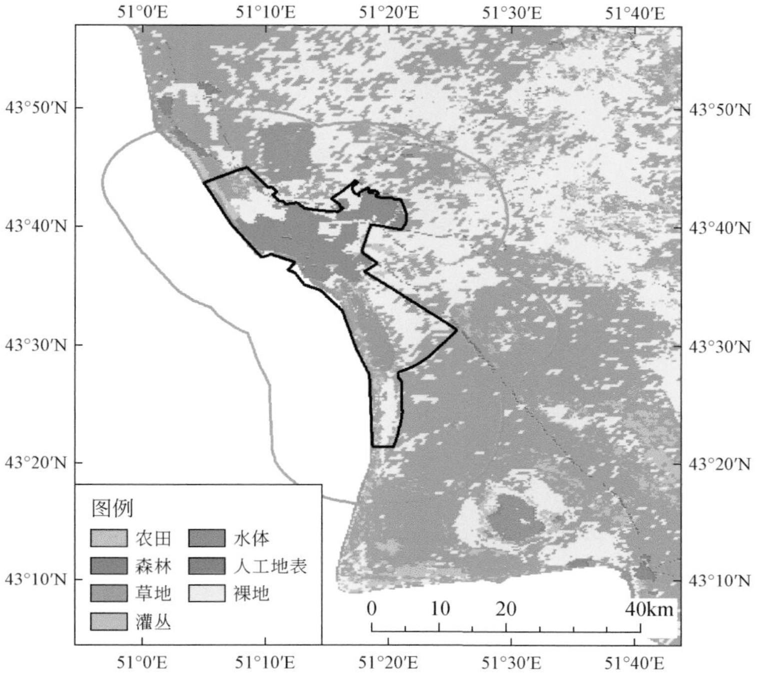

图 3-13　阿克套 10km 缓冲区内土地覆盖类型

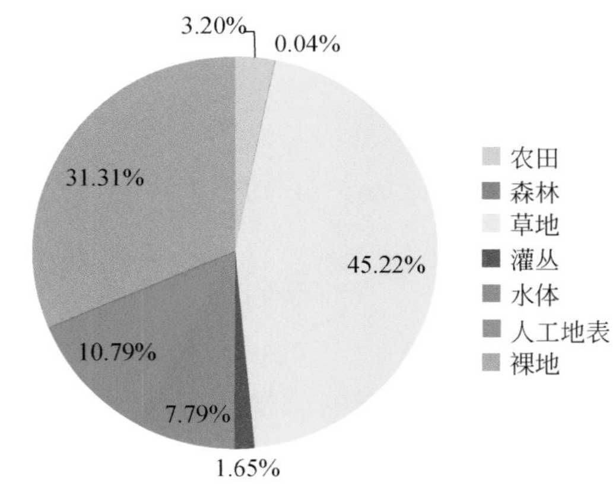

图 3-14　阿克套缓冲区内各类型用地面积及所占比例

3.2.3　城市发展现状与潜力评估

2013 年阿克套市的城市灯光亮度值集中在北部港口，城市中心围绕港口沿岸聚集，建成区向北部蔓延和扩张（图 3-15）。2000 ～ 2013 年，阿克套市建成区北部呈快速增长，增长率也较高，城区南部的灯光指数没有增加，增长斜率较低（图 3-16）。

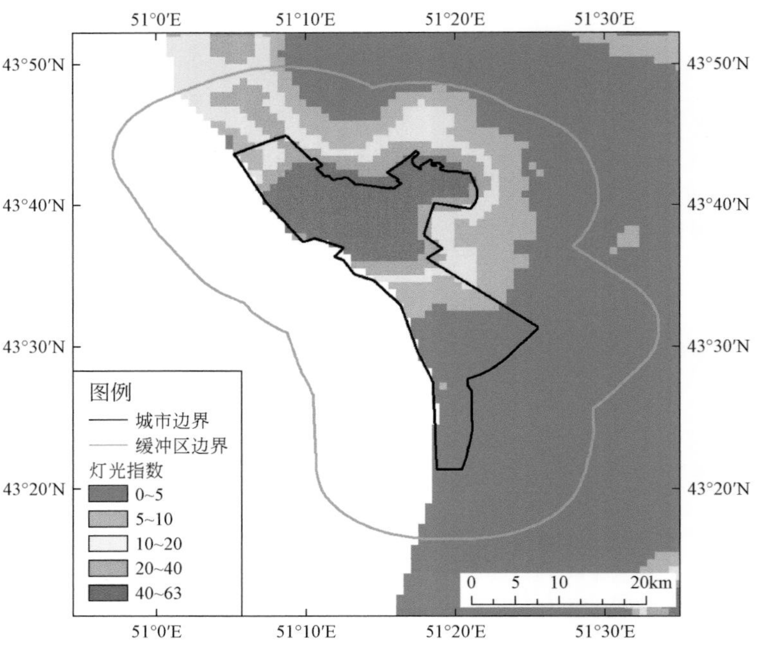

图 3-15　2013 年阿克套市夜间灯光指数

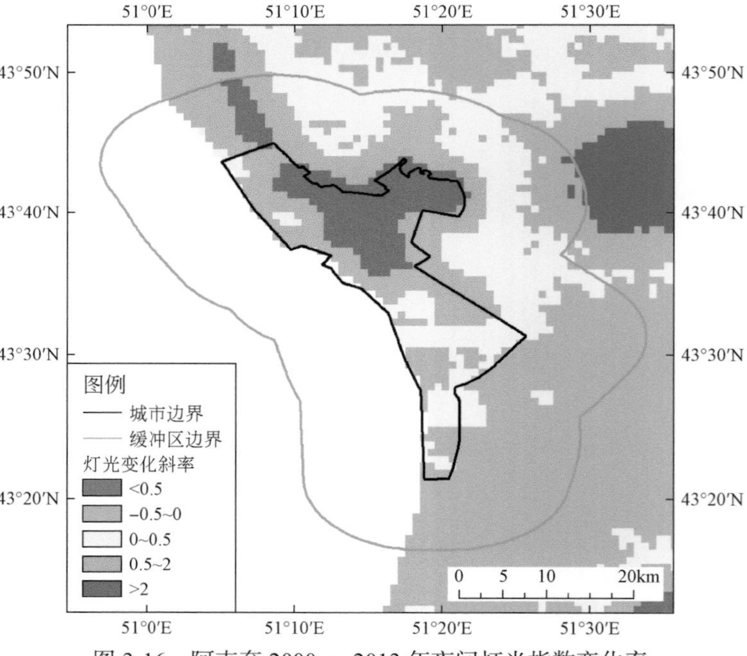

图 3-16　阿克套 2000 ～ 2013 年夜间灯光指数变化率

阿克套市是“丝绸之路”连接欧洲和亚太两大经济圈的重要港口城市，与俄罗斯、阿塞拜疆、伊朗、土库曼斯坦等国家拥有共同的里海海岸线，是哈萨克斯坦石油天然气工业中心，中亚油气管道的重要节点城市。该市计划在 5 年内完成港口扩建工程，将干货码头年吞吐量提高到 200 万 t/a，并与中国的霍尔果斯经济开发区建立直接物流联系。

作为中国建设丝绸之路经济带的重要项目，中国将在阿克套海港经济特区建设首个“境外园”—哈萨克斯坦中国工业园，园区规划面积 400 hm^2，首期开发面积 100 hm^2。拥有国际机场、火车站及天然港口，阿克套市承担了哈萨克斯坦与里海、黑海和地中海部分国家的联系，国际合作潜力巨大。

3.3　塔什干市

3.3.1　概况

塔什干市位于乌兹别克斯坦东北部（图 3-17），城市面积 369km^2，2014 年常住人口 272.59 万人。塔什干市是乌兹别克斯坦首都，全国政治、经济、科学文化中心和交通运输枢纽，是中亚五国最大的城市。塔什干市交通发达，曾是中亚唯一建有地铁的城市（2011 年开通地铁），时速为 250 公里的 Afrasiyob 高速列车，运行于塔什干－撒马尔罕－卡尔什之间，是中亚唯一的高速铁路。

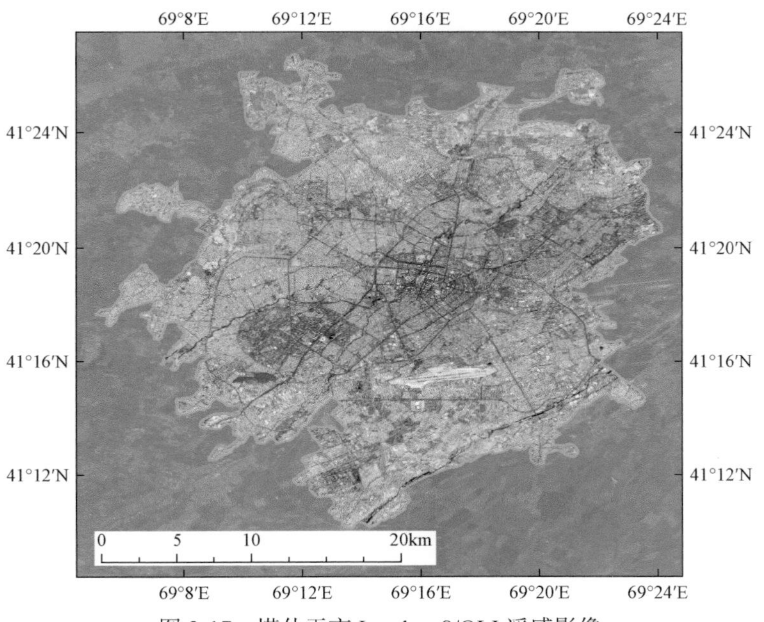

图 3-17　塔什干市 Landsat 8/OLI 遥感影像

乌兹别克斯坦 80% 的机器制造业集中于塔什干市，工业产值占全国工业总产值 25%。塔什干市还是乌兹别克斯坦的轻工业中心，棉花生产在独联体闻名。

3.3.2 典型生态环境特征

塔什干市位于恰特卡尔山脉西面，锡尔河右岸的河谷绿洲，平均海拔 440 ～ 480m。塔什干市属于半干旱的大陆性气候，冬季温和，夏季炎热，降水稀少，日照充足，有"太阳城"之称。1 月平均气温 0℃，7 月平均气温 28℃。平均年降水量为 100 ～ 200mm，雨季分布在冬季和春季。

塔什干市建成区不透水层密集分布于整个城市内部，自然植被零星分布在不透水层间。

以 2014 年的 Landsat 8/OLI 数据为基础，提取城市不透水层和绿地面积。塔什干市建成区不透水层分布密集、连片（图 3-18），面积为 401.47 km^2，占全市面积的 87.01%（图 3-19）。塔什干市绿地零星分布在城市北部和南部的不透水层内部，面积为 44.91km^2，绿化比例 9.73%。塔什干市裸地和水域面积很少，占地率分别为 2.79% 和 0.46%（图 3-19）。

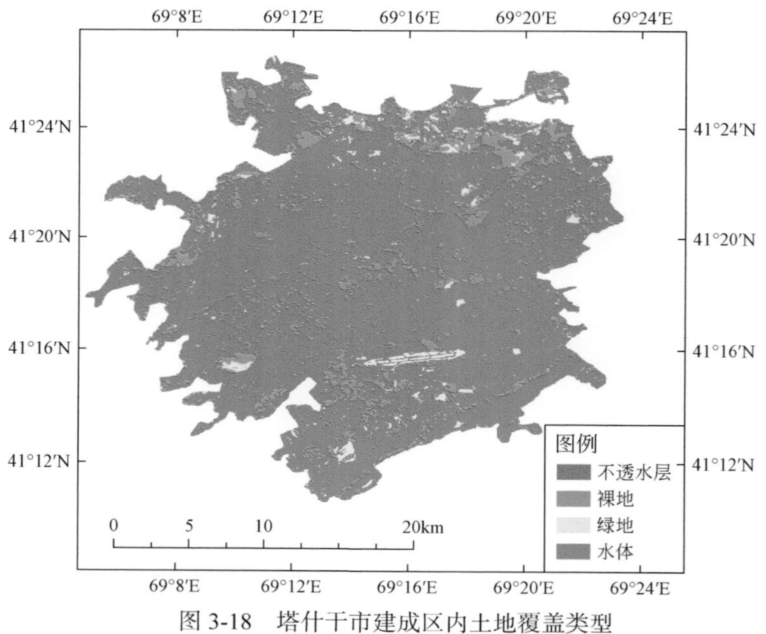

图 3-18 塔什干市建成区内土地覆盖类型

塔什干市周边耕地占比较大，草地、森林、水体等自然资源占比稀少，生态系统类型较为单一。

塔什干市建成区周边 10km 缓冲区内的生态系统类型单一，主要以农田为主（图 3-20），

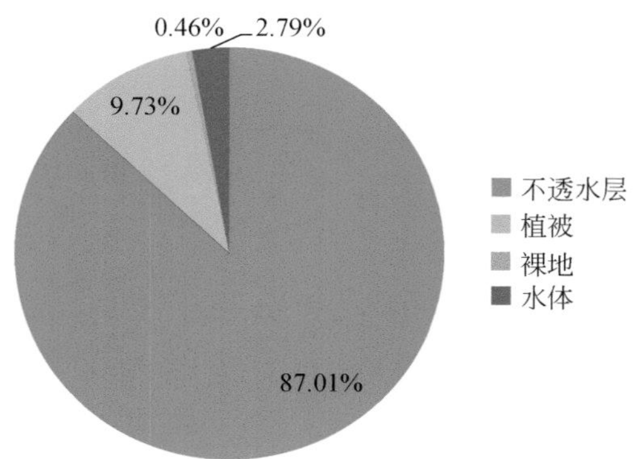

图 3-19　塔什干市建成区内各类型用地面积及所占比例

占地面积为 1039.26km^2，占地比例为 75.78%，分布在锡尔河流域的冲积扇平原绿洲上（图 3-21）。人工地表面积 306.69 km^2，占地比例为 22.36%，集中分布在城市内部。同时，人工地表也连片分布在缓冲区西北和西南部，以及零星分布在缓冲区的东南和东北部。其他土地类型面积稀少。

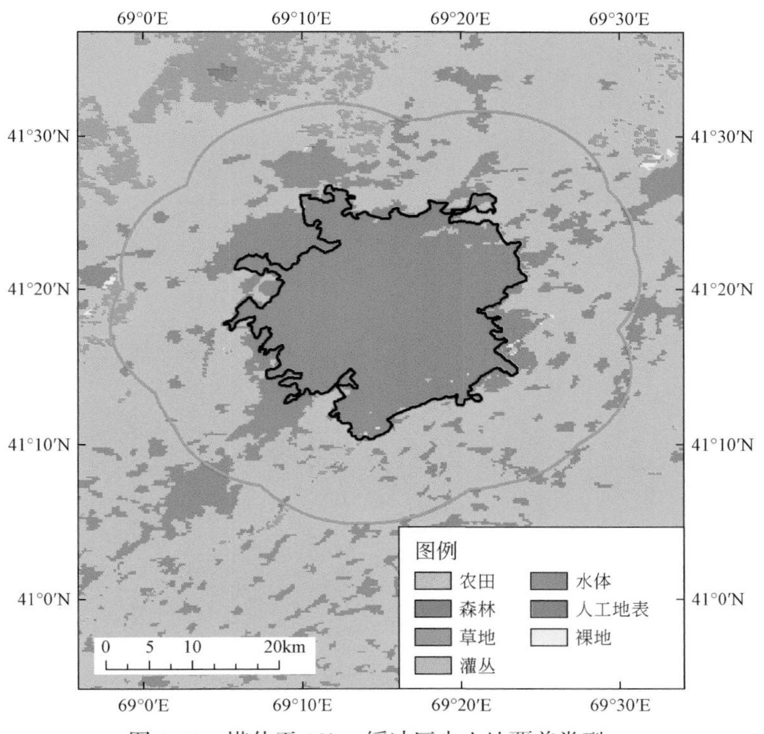

图 3-20　塔什干 10km 缓冲区内土地覆盖类型

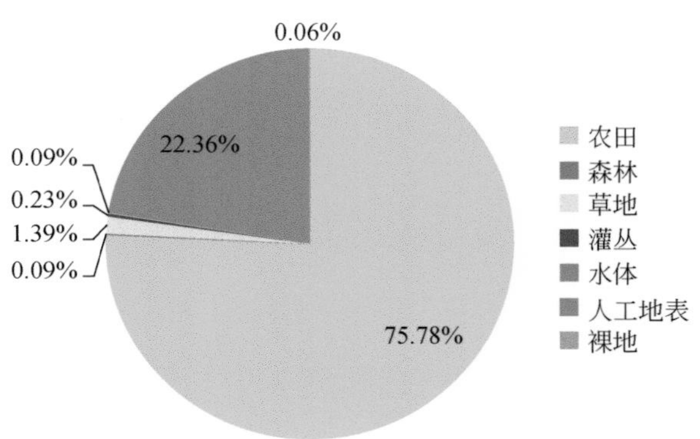

图 3-21　塔什干缓冲区内各类型用地面积及所占比例

3.3.3　城市发展现状与潜力评估

塔什干市城市 2013 年的夜间灯光高亮度区以城区为中心呈放射状向外蔓延。目前城区内灯光值已基本饱和，2000 ～ 2013 年城区内外的灯光指数基本保持不变，周边发展空间和潜力不大。

2013 年塔什干市建成区内的灯光指数平均值较高，内部形态非常紧凑，缓冲区内有所递减（图 3-22）。从塔什干城市内部及其周边的灯光变化斜率图可以看出，城区内部灯光指数增加较低 0 ～ 0.5，城市周围 10km 缓冲区范围内有部分地区灯光指数增加率为 0.5 ～ 2（图 3-23）。

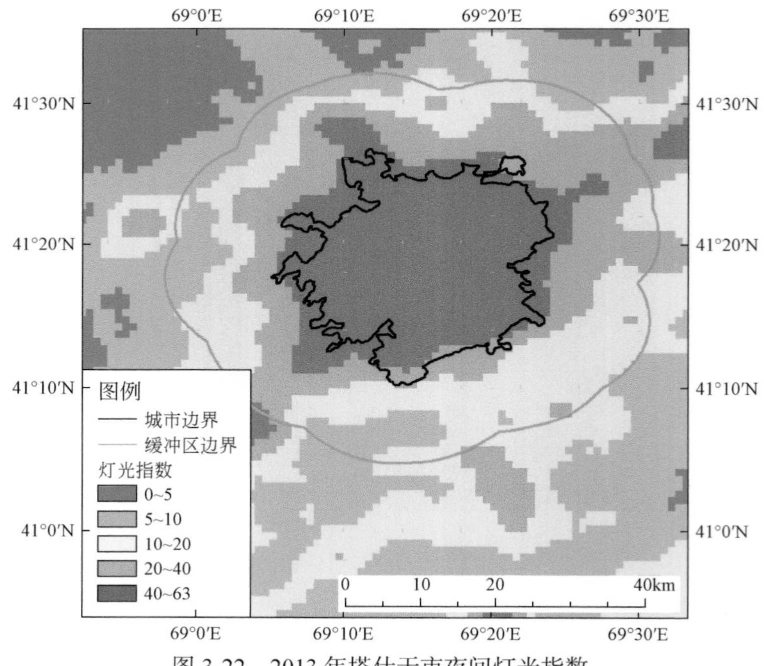

图 3-22　2013 年塔什干市夜间灯光指数

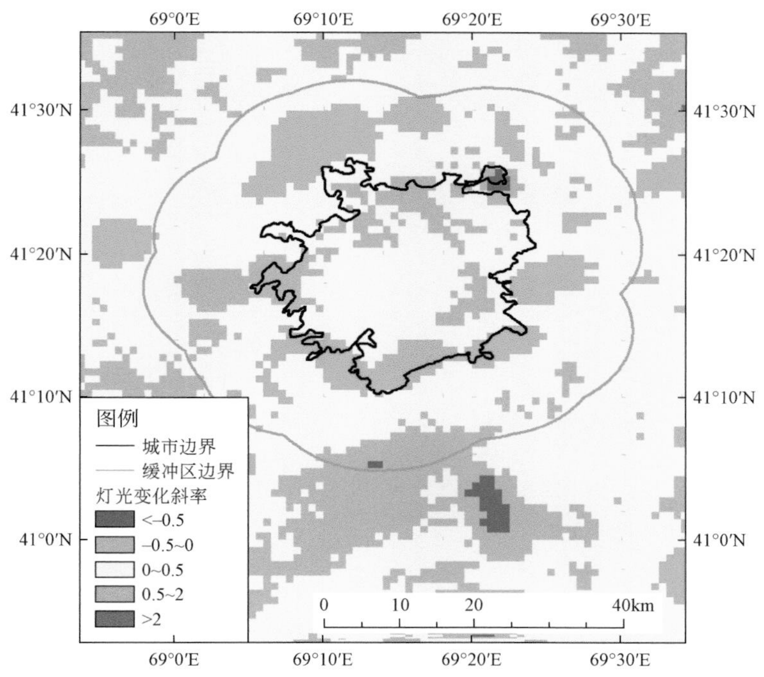

图 3-23　塔什干 2000 ～ 2013 年夜间灯光指数变化率

塔什干市是古"丝绸之路"上重要的商业枢纽之一，是乌兹别克斯坦主要的经济和贸易中心，也是与中国贸易与物流运输的主要城市。塔什干市航空运输业较为发达，与独联体各国首都和世界各国主要大城市通航。塔什干市也是中亚最大的铁路交通运输枢纽，主要有塔什干－奥伦堡－莫斯科、塔什干－土库曼巴希，塔什干－纳曼干－安集延，塔什干－安格连。正在建设中的亚洲运输干线（伊斯坦布尔－塔什干－阿拉木图－北京）途径于此，将会带动当地基础设施升级，推动贸易和经济增长。作为中亚最大的城市，发展潜力巨大。

3.4　奥　什　市

3.4.1　概况

奥什市是吉尔吉斯斯坦第二大城市，城市总面积为 65 km^2，是奥什州首府（图 3-24）。奥什市至少 3000 年历史，从 1939 年开始就是奥什州的行政中心。奥什市是一个多民族混居的城市，2014 年总人口为 2.65 万人，由吉尔吉斯族、乌兹别克族、俄罗斯族、塔吉克族及其他小民族组成。

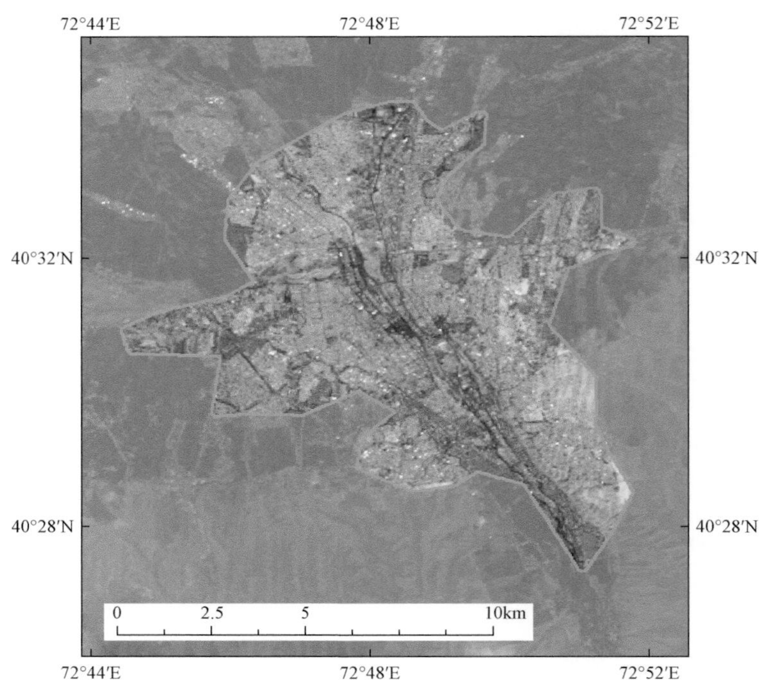

图 3-24　奥什市 Landsat 8/OLI 遥感影像

3.4.2　典型生态环境特征

奥什市位于吉尔吉斯斯坦南部费尔干纳盆地的东南端，被称为“吉尔吉斯斯坦的南方之都”。奥什市属大陆性气候，夏季炎热，春秋湿润，冬季较冷。春季和初夏降水达全年的 70%，仲夏以后进入干旱期。大部分地区全年降水量为 400 ～ 500mm。1 月平均气温 2℃，7 月平均气温 25 ～ 26℃。

奥什市不透水层面积所占比例较高，城市绿地覆盖率较高。

以 2014 年的 Landsat 8/OLI 数据为基础，提取城市不透水层和绿地。奥什市不透水层呈连片分布，北部相对密集，南部相对分散（图 3-25）。不透水层面积为 38.89km^2，约占全市面积的 59.84%（图 3-26）。城市内绿地主要分布在居民区、道路两侧，绿地面积 23.48km^2，占全市总面积 36.12%。奥什市的裸地面积较小，占地率仅为 4%。

奥什市周边以农田为主导，北部草原资源较为丰富。

由于相对充沛的水资源和气候条件，奥什市周边以农田为主，农田占地面积 433.18 km^2，占地率 56.16%，主要分布在费尔干纳盆地内（图 3-27、图 3-28）。此外，城区南侧分布大量的草地，草地占地面积为 194.51 km^2，占 25.22 %。城区外部的人工地表面积较大，面积为 128.07 km^2，主要分布在城区北部。

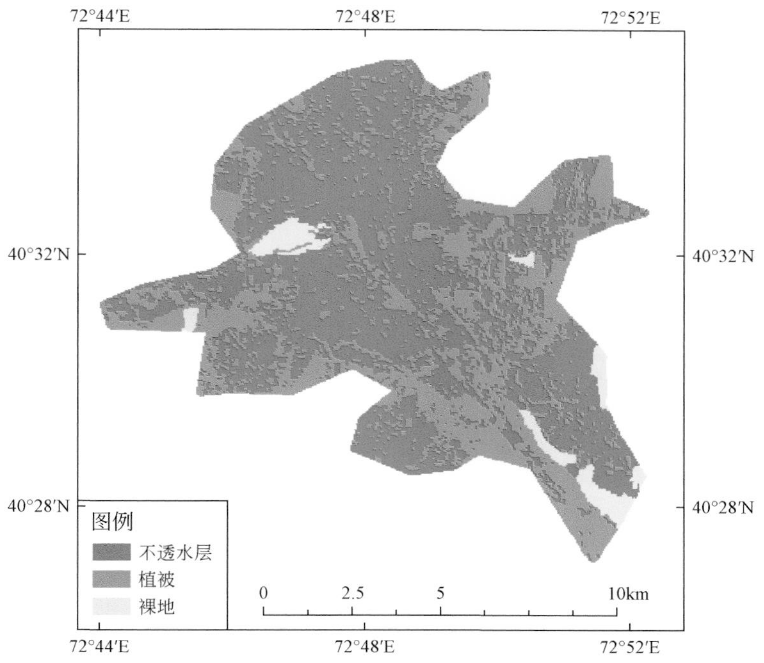

图 3-25　奥什市建成区内土地覆盖类型

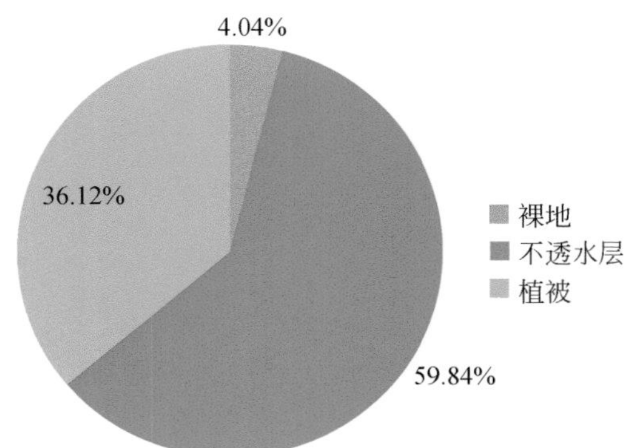

图 3-26　奥什市建成区内各类型用地面积及所占比例

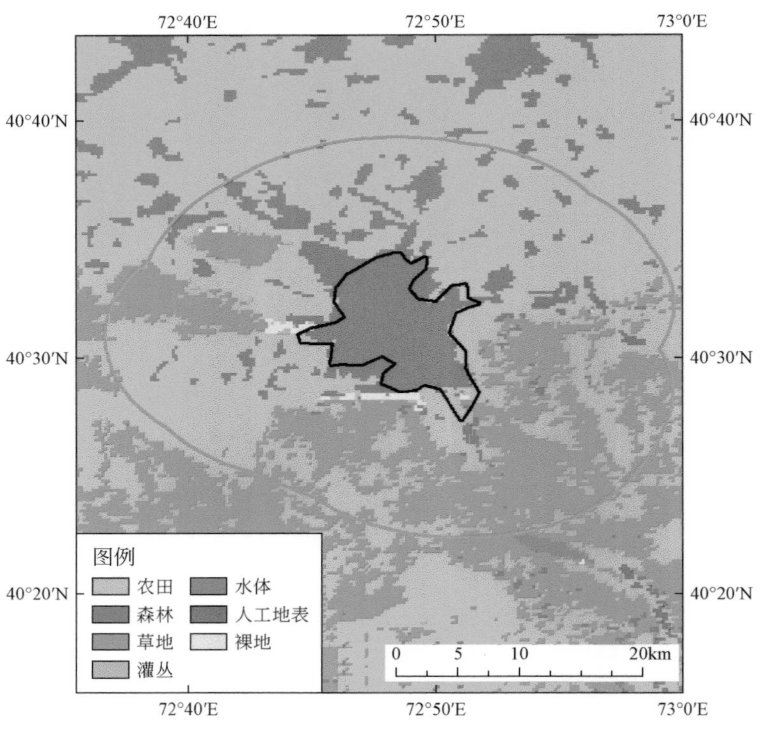

图 3-27 奥什市 10km 缓冲区内土地覆盖类型

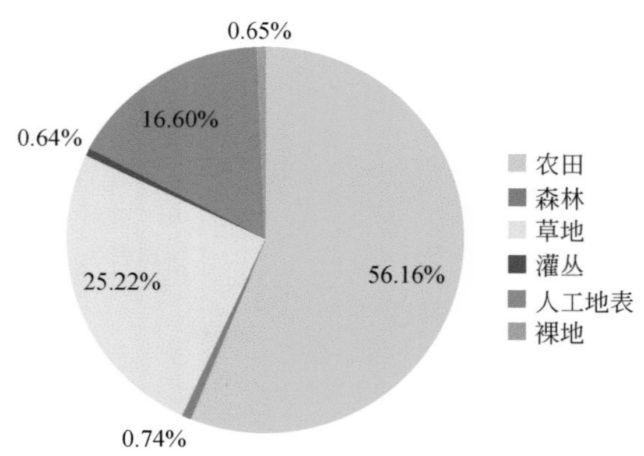

图 3-28 奥什市缓冲区内各类型用地面积及所占比例

3.4.3　城市发展现状与潜力评估

奥什市城市建成区内灯光值趋于饱和、城市周边 10km 缓冲区内较高亮度区域范围扩大。奥什市夜间灯光亮度增加主要发生在城市周边，可见周边发展空间和潜力较大。

奥什市城市的灯光平均值较高，内部形态紧凑，城市周边 10km 缓冲区内较高亮度区域范围扩大（图 3-29）。分析奥什市内部及其周边的灯光变化斜率，城区内部灯光指数变化不大，但是建成区外围边缘的灯光指数增加明显（图 3-30）。

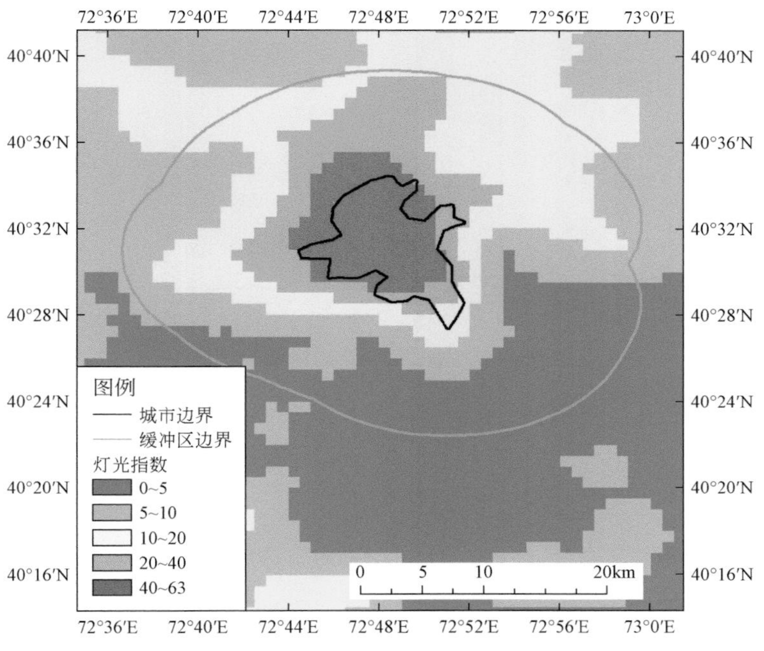

图 3-29　2013 年奥什市夜间灯光指数

奥什市位于中亚费尔干纳盆地东面，是吉尔吉斯斯坦战略重镇。东西方向是连接中国与乌兹别克斯坦伊尔克什坦口岸向西延伸的陆路通道。南北方向是吉尔吉斯斯坦唯一全年可以通行的通向塔吉克斯坦山地 - 巴达赫尚地区（西帕米尔高原地区）的公路。奥什市是连接古代丝绸之路东西方贸易和文化交流的陆路通道，曾是中亚最繁华的贸易集散地和重要的枢纽。

奥什市的航空运输业发展较好，奥什机场是吉尔吉斯斯坦两大国际航空港之一。中国南方航空公司已开通乌鲁木齐—奥什的航线。在公路运输方面，正在改造中的中—吉—乌公路经过此地，是中国与乌兹别克斯坦和塔吉克斯坦之间的重要贸易通道，城市具有一定的发展潜力。

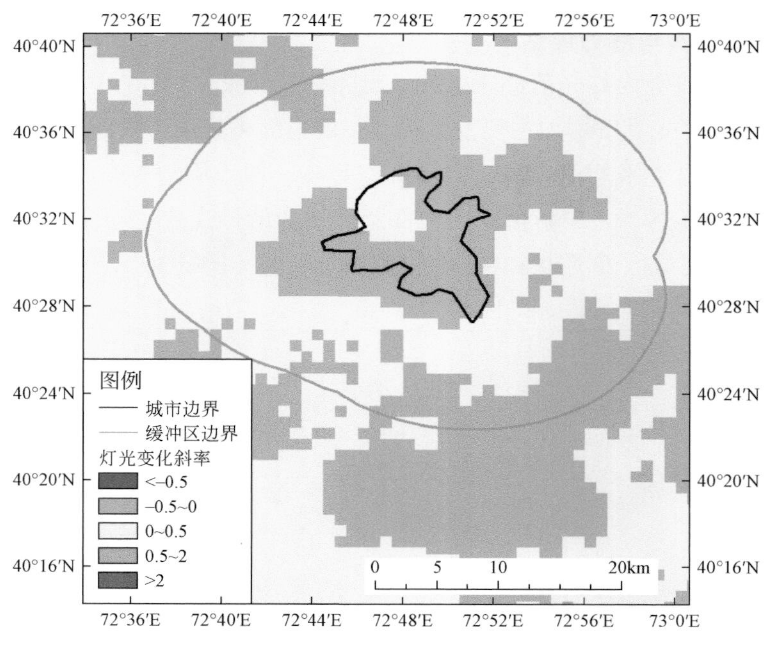

图 3-30　奥什市 2000 ～ 2013 年夜间灯光指数变化率

3.5　杜尚别市

3.5.1　概况

杜尚别市是塔吉克斯坦的首都，面积 238km^2，2014 年总人口近 76.43 万人，主体为塔吉克人，其他民族有塔塔尔人、乌克兰人等。杜尚别市是塔吉克斯坦政治、工业、科学及文化教育中心，也是全国的铁路和航空枢纽，公路四通八达。杜尚别市主要以纺织、食品加工、纺织机械制造和建材工业为主，工业总产值占全国的 1/3。煤、铅和砷等矿产资源丰富。

3.5.2　典型生态环境特征

杜尚别市位于瓦尔佐布河及卡菲尔尼甘河之间的吉萨尔盆地，海拔 750 ～ 930 米。杜尚别市属于温带大陆性气候，1 月平均气温 1.4℃，7 月 28.2℃，多年平均降水量 457mm。

杜尚别是中亚绿化最好的城市之一（图 3-31），城市绿化率高，建成区内自然植被覆盖率为 51.23%（图 3-30）。

以 2014 年的 Landsat TM 数据为基础，提取城市不透水层和绿地（图 3-32）。杜尚别市建成区内不透水层面积为 114.42 km^2，约占市区总面积 48%（图 3-33）。不透水

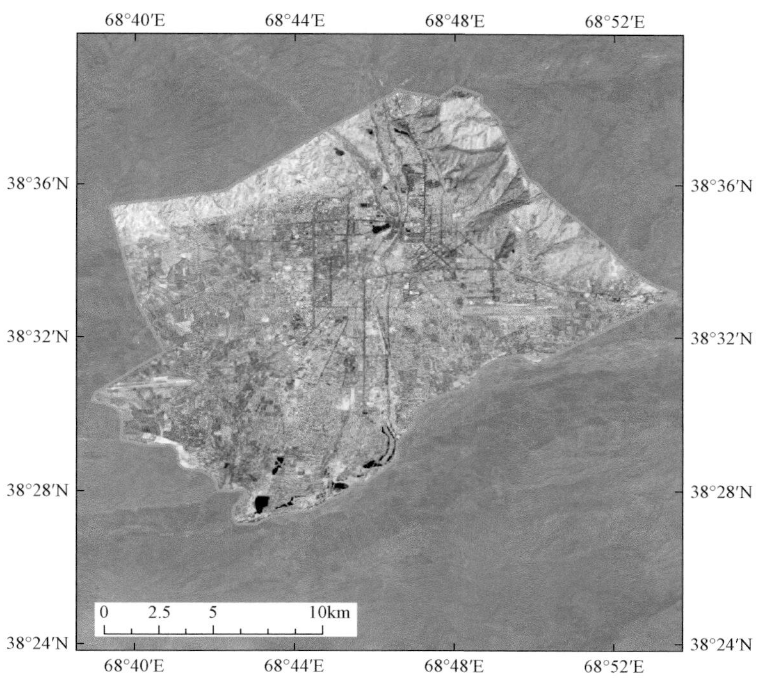

图 3-31　杜尚别 Landsat 8/OLI 遥感影像

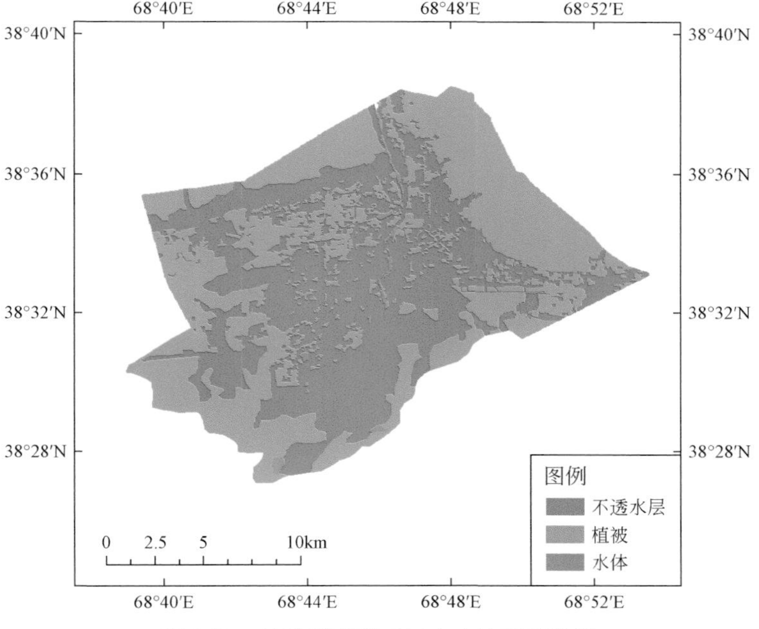

图 3-32　杜尚别市建成区内土地覆盖类型

层分布北部稀疏，南部连片。杜尚别人工绿地呈条带或连片状分布城市各地，面积为 122.12 km²，约占 51.23%。此外，杜尚别裸地面积非常小，仅为 0.77%。

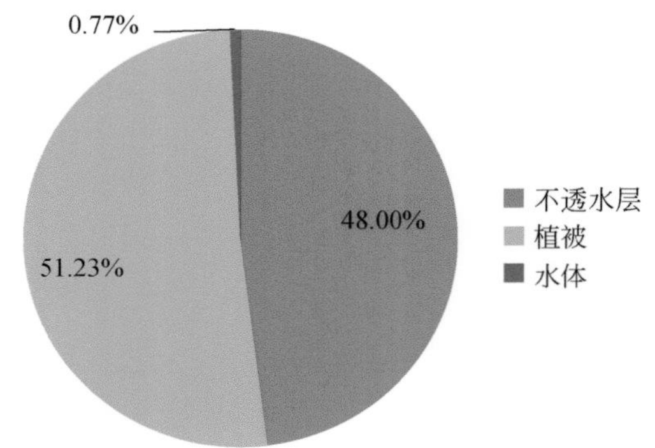

图 3-33　杜尚别市建成区内土地覆盖类型用地面积及所占比例

杜尚别市周边以农田为主，分布一定面积的草地。

杜尚别市水资源丰沛，气候条件优越，农业相对发达。杜尚别市周边以农田为主，农田面积 704.98km²，达到 58.05%（图 3-34、图 3-35）。人工地表散落分布在缓冲区东西方向，面积为 262.75km²，约占 21.65%。此外，缓冲区内还分布草地，面积为 164.70km²，约占 13.57%。

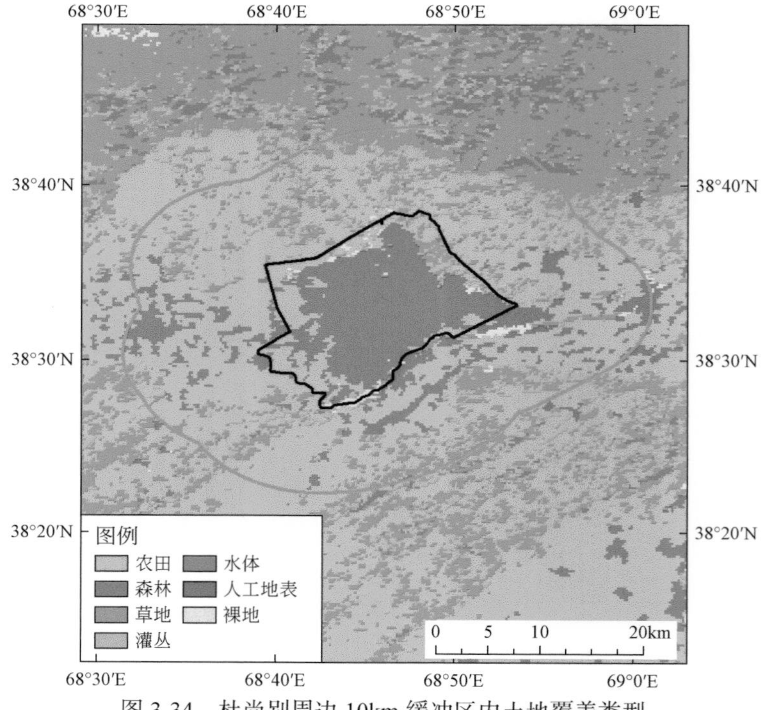

图 3-34　杜尚别周边 10km 缓冲区内土地覆盖类型

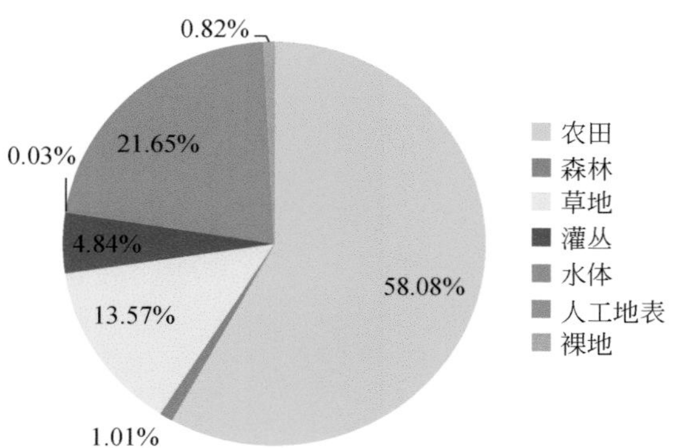

图 3-35　杜尚别周边 10km 缓冲区内土地覆盖类型面积及所占比例

3.5.3　城市发展现状与潜力评估

杜尚别市建成区内灯光指数趋于饱和、城市南部地区灯光指数有所增加，周边发展空间和潜力不大。

2013 年杜尚别市的灯光平均值较高，内部形态非常紧凑（图 3-36）。分析城市内部及其周边灯光变化斜率，城区内部灯光略有增加，增幅为 0 ～ 0.5 之间；建成区周围 10km 范围内南部灯光指数有所增加（图 3-37）。

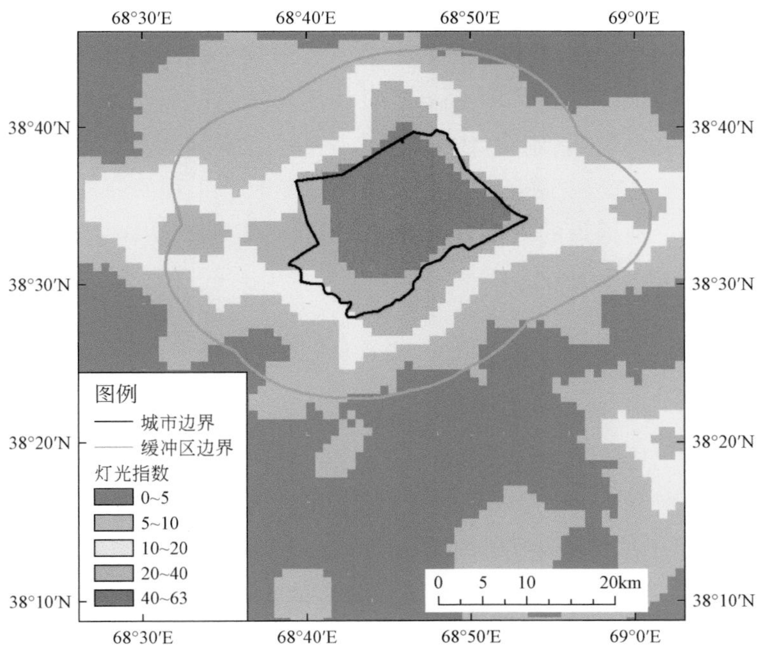

图 3-36　2013 年杜尚市别夜间灯光指数

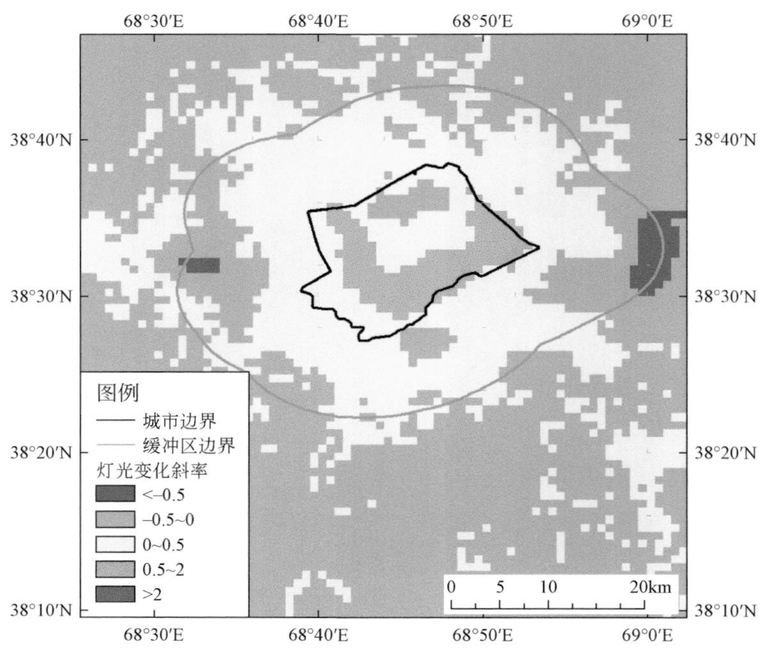

图 3-37　杜尚别市 2000 ～ 2013 年夜间灯光指数变化率

塔吉克斯坦向东与中国新疆相连，首都杜尚别市曾是古丝绸之路的重要城市，交通枢纽地位非常重要。中国援助建设“塔吉公路”“塔乌公路”已交付运行。著名的“中塔公路”西起于杜尚别市，东达中国新疆塔什库尔干塔吉克自治县的卡拉苏口岸，沿喀喇昆仑公路往北 245km 到达新疆喀什，直接与“中—巴经济走廊”相连。全长 120 公里的“杜尚别 - 丹加拉”高速公路是“塔中公路”修复改造工程的一期项目，2012 年 9 月交付使用。作为欧亚交通通道的重要节点城市，加强杜尚别市与中国国际交通设施建设，对中国与中亚商贸往来重要意义。

3.6　小　　结

“丝绸之路经济带”重要节点城市的跨越式发展，可带动亚欧大陆中心地带及周边区域可持续发展。“中国—中亚—西亚经济走廊”途经的阿拉木图市、阿克套市、塔什干市、奥什市和杜尚别市等是中哈石油管线、中亚天然气管线、中国西部和欧洲西部的“双西公路”、亚洲运输干线等战略性通道的重要节点城市。阿克套市又是中亚重要的港口城市，对中国与里海、黑海及地中海沿岸国家的互联互通起到重要作用。2000 ～ 2013 年，中亚五国的大部分城市的灯光亮度变化不明显，总体灯光亮度和范围有所增加，这表明中亚主要城市范围略有扩张。除阿克套市外，中亚其他主要城市周边的土地覆盖类型以农田和草地为主，生态环境良好；且建成区内的绿地占地率普遍较高，生活环境良好。由于中亚国家城市发展主要受自然资源和地形因素的制约，优化和合理配置水资源，协调水土地资源的可持续发展，是未来城市发展的目标。

第 4 章　典型经济合作走廊和交通运输通道分析

4.1　廊 道 概 况

“新亚欧大陆桥”和“中国 - 中亚 - 西亚经济走廊”分南、北两条路线贯穿中亚五国（图 4-1）。

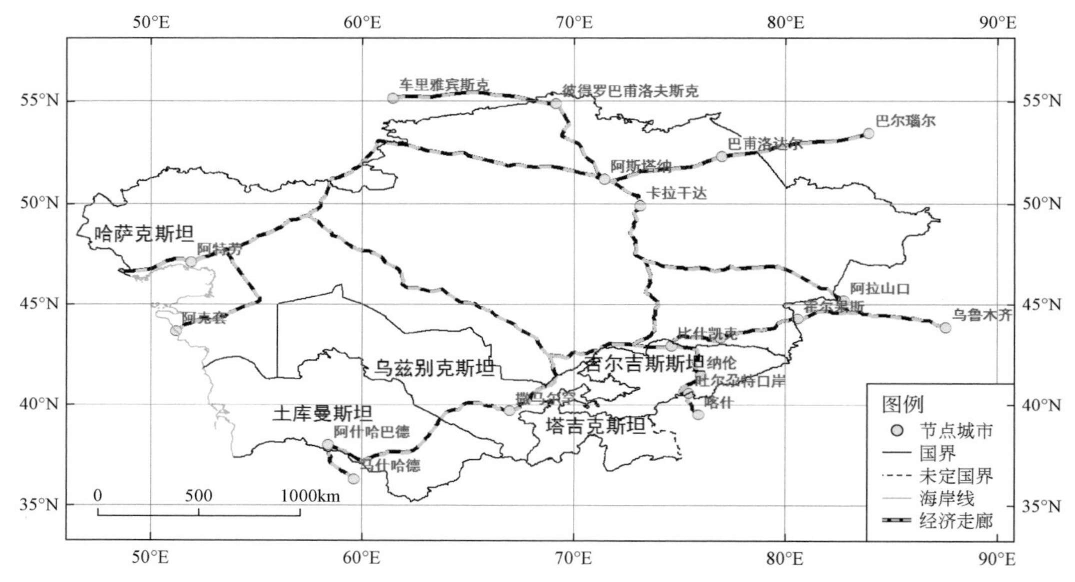

图 4-1　“丝绸之路经济带”中亚地区重要节点城市分布

“新亚欧大陆桥”中亚段穿越哈萨克斯坦全境，分两条支线，一条支线以中国新疆最大的铁路口岸—阿拉山口为起点，以哈萨克斯坦首都阿斯塔纳为中心，向东到达俄罗斯新西伯利亚，向西连接里海东岸的主要港口城市阿特劳市和阿克套市，通过里海与欧洲相通（简称为北线—阿斯塔纳支线）；另一条支线从哈萨克斯坦经济中心阿拉木图开始，沿哈萨克斯坦南部铁路线，经南部城市塔拉兹和西姆肯特，向北沿着克孜勒库姆沙漠东缘，通过突厥斯坦，到达位于里海东岸的主要港口城市阿特劳市（简称为南线—阿特劳支线）。“新亚欧大陆桥”中亚段使得面积广阔的中亚区域在陆路上实现了与俄罗斯的紧密连接，在水域上通过里海实现了与欧洲的连通。

“中国 - 中亚 - 西亚经济走廊”中亚段在我国新疆有两个起点，一是东起中国新疆维吾尔自治区首府乌鲁木齐市，经新疆最大的陆路口岸—霍尔果斯口岸，连接哈萨克斯坦最大经济中心阿拉木图市，经过吉尔吉斯斯坦首都比什凯克和乌兹别克斯坦首都塔什干，连接土库曼斯坦首都阿什哈巴德，达到伊朗经济重镇马什哈德，经由马什哈德和德黑兰铁路通往北非和欧洲；另一个是从新疆南部重要的边贸城市喀什开始，通过新疆吐尔尕特口岸，在吉尔吉斯斯坦首都比什凯克汇入“中国 - 中亚 - 西亚经济走廊”（简称为南线）。南线是中亚主要经济城市分布最为集中的线路，也是中亚地区连接“中巴经济走廊”最为捷径的通道。

4.2 生态环境特征

4.2.1 地形

“新亚欧大陆桥”的南线—阿特劳支线位于哈萨克斯坦境内，沿线的地形地貌相对平坦，基本都在海拔 500m 以下，其中里海区域海拔低于海平面，最低处为 -132m。北线—阿斯塔纳支线也位于哈萨克斯坦境内，所经区域以荒漠草地为主，海拔相对平缓，海拔在 250m 以下。南线从哈萨克斯坦南部边界横穿中亚五国，该线东段穿越天山山脉，地形复杂，海拔起伏剧烈，海拔最高处达 6132m，而西部在乌兹别克斯坦和土库曼斯坦境内经过孙杜克利沙漠，海拔较低，基本处于 500m 以下（图 4-2）。

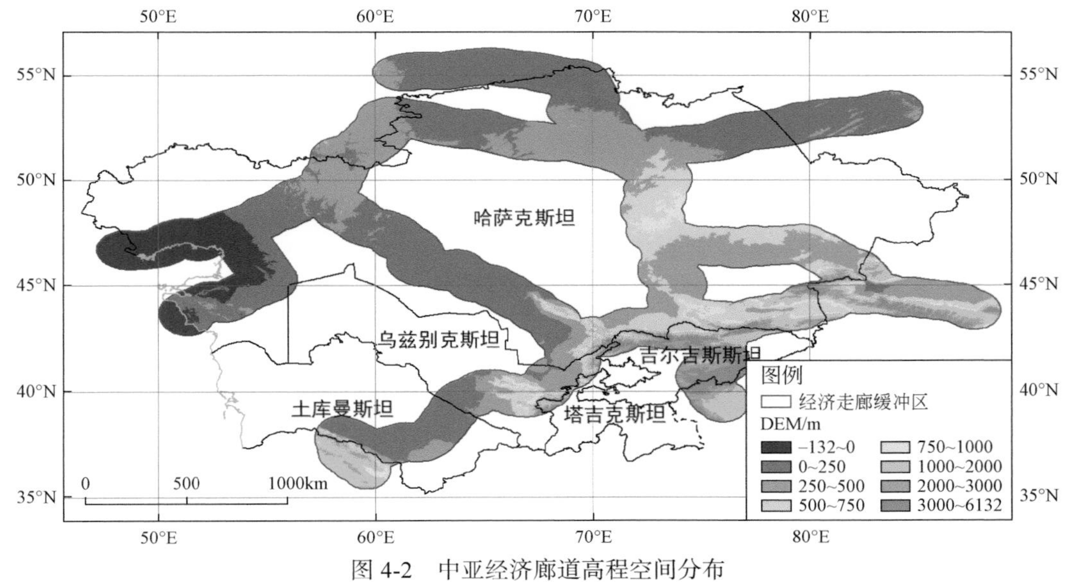

图 4-2 中亚经济廊道高程空间分布

4.2.2 太阳辐射

中亚经济走廊覆盖区域的年均光合有效辐射大体呈现纬度地带性分布，总体由北往南逐渐增加。走廊在土库曼斯坦境内光合有效辐射较高，为 110 ～ 120 W/m^2。走廊北部哈萨克斯坦段覆盖区的光合有效辐射较低，为 70 ～ 80 W/m^2 左右（图 4-3）。

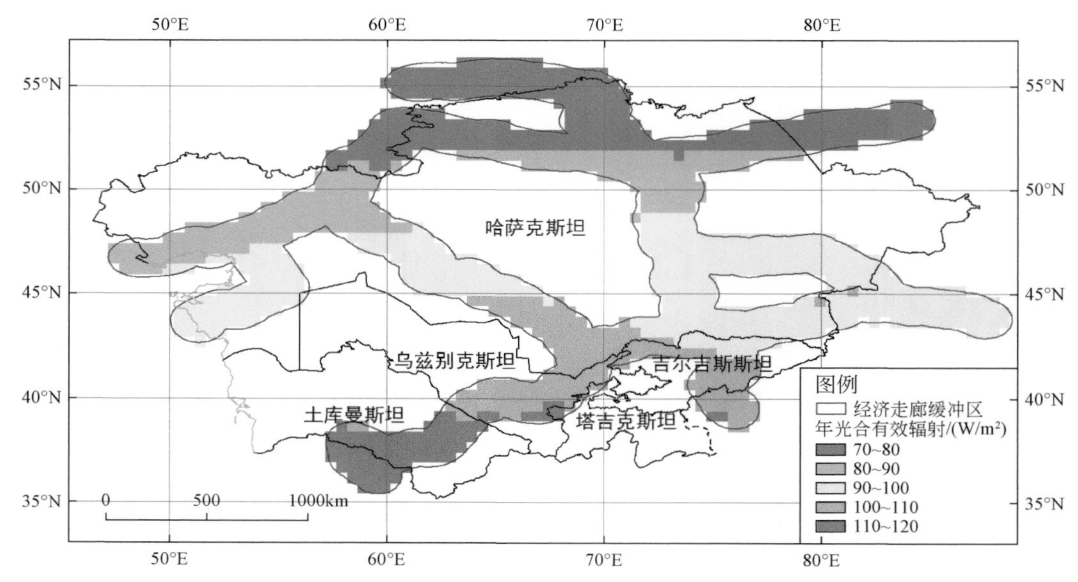

图 4-3　中亚经济走廊年均光合有效辐射分布

4.2.3　降水与蒸散

降水量受海拔及地形等要素影响较大。中亚经济走廊沿途的哈萨克斯坦、乌兹别克斯坦、土库曼斯坦中部沙漠、戈壁区降水量少于 100mm。走廊途经的中国、哈萨克斯坦、吉尔吉斯斯坦等天山山麓地带的降水较丰沛，降水量大于 500mm，部分地区可超过 1100mm，是中国—中亚－西亚经济走廊的“湿岛”（图 4-4）。

中亚经济走廊沿线蒸散量受光照强度和水分条件等要素影响，由北向南逐渐增加。走廊的土库曼斯坦中部段的蒸散量大于其他地区，蒸散量大于 2200mm。走廊北部哈萨克斯坦区段最少，约 1200mm（图 4-5）。

4.2.4　土地覆盖

分析中亚经济走廊” 100km 的缓冲区内的土地覆盖类型（图 4-6、图 4-7），草地占到了主导地位，总面积为 112.87 万 km^2，达到了廊道总面积的 52%，主要分布在走廊的哈萨克斯坦中部区段和西部里海区段。

农田总面积为 63.10 万 km^2，占廊道总面积的 29.1%，主要分布在哈萨克斯坦首都阿斯塔纳的东部、西部和北部走廊，南部则沿着阿拉木图、比什凯克、撒马尔罕和阿什哈巴德等城市周边分布。

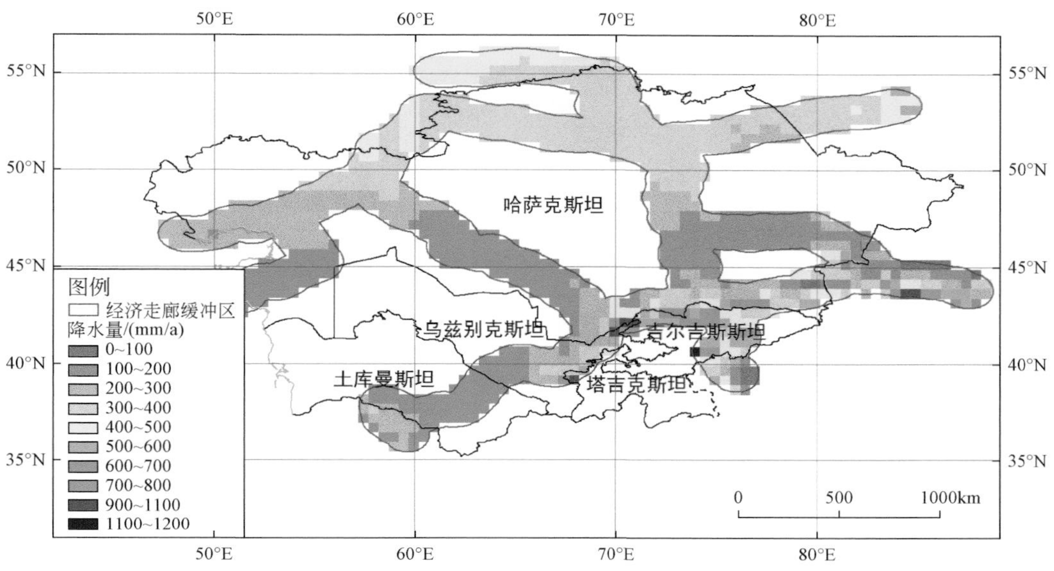

图 4-4　2014 年中亚经济走廊降水量空间分布

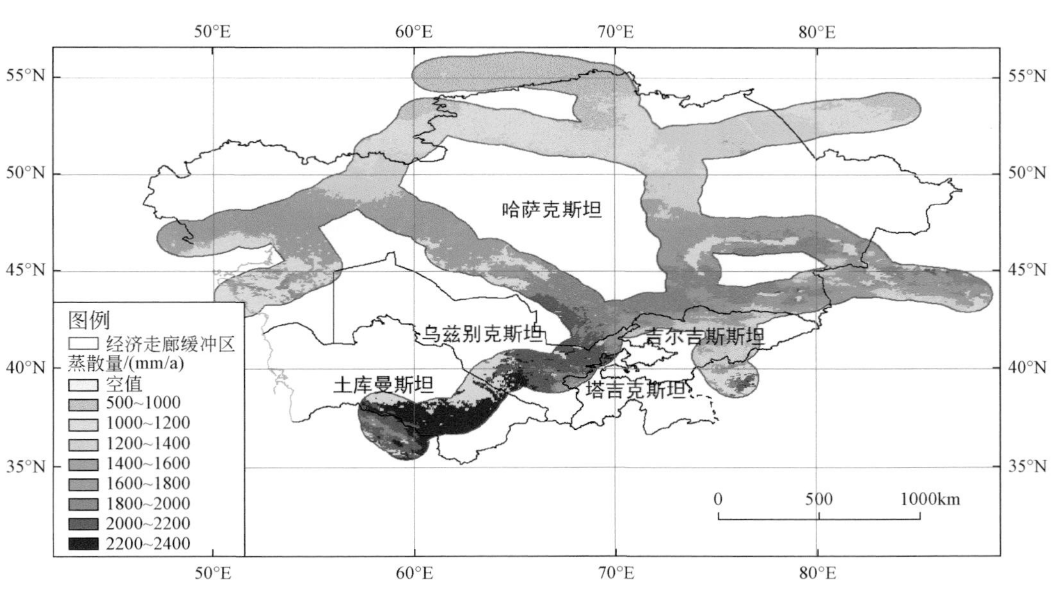

图 4-5　2014 年中亚经济走廊蒸散量空间分布

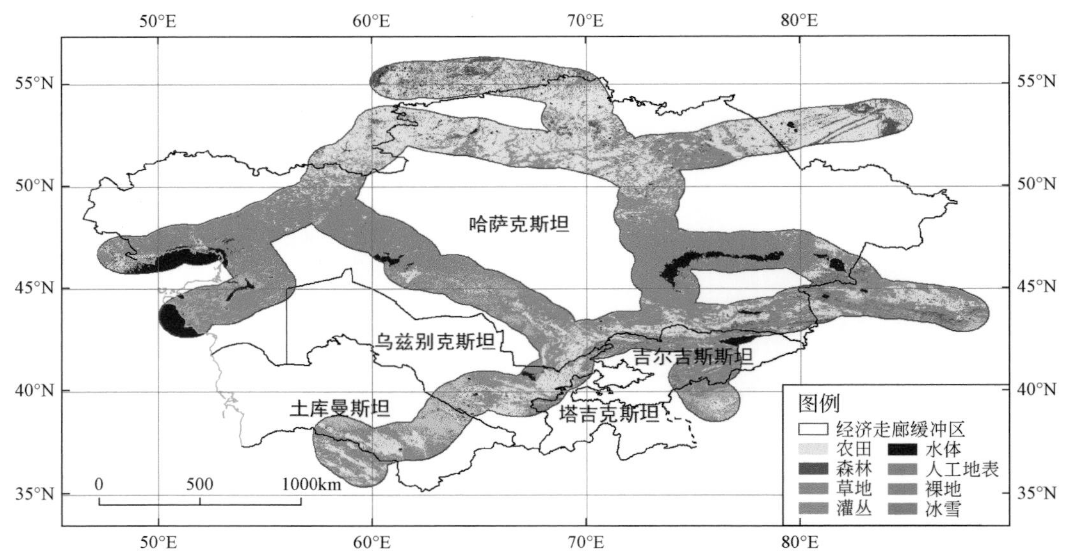

图 4-6 中亚经济走廊土地覆盖类型（100km 缓冲区）

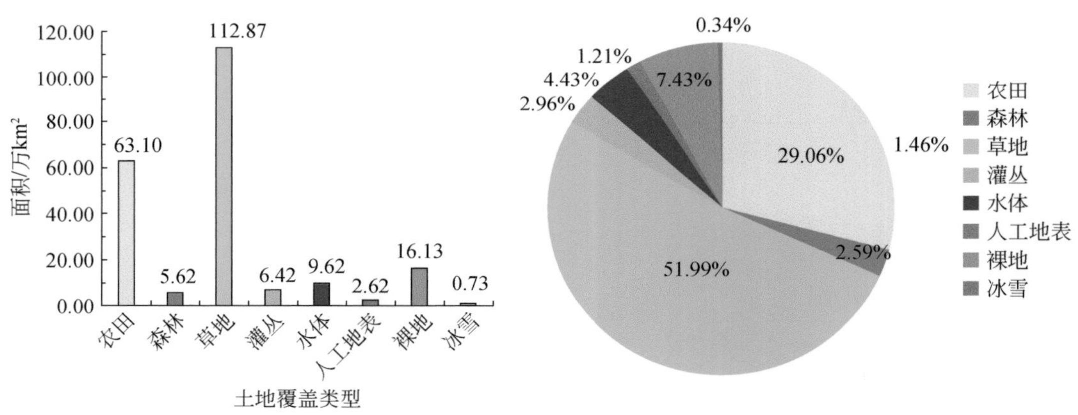

图 4-7 中亚经济走廊土地覆盖类型面积及占地比例（100km 缓冲区）

廊道中裸地比例较大，总面积为 16.13 万 km^2，占廊道总面积的 7.4%，主要分布在走廊途经的土库曼斯坦和乌兹别克斯坦以及里海周边沙漠区段。

森林和灌丛在整个廊道分布较少，分别有 5.62 万 km^2 和 6.42 万 km^2，占廊道总面积的 2.6% 和 3%。人工地表面积为 2.62 万 km^2，占廊道总面积的 1.2%，主要为廊道内的一些节点城市及其周边区域，如哈萨克斯坦的阿拉木图市、阿斯塔纳市，乌兹别克斯坦的撒马尔罕市和吉尔吉斯斯坦的比什凯克市等。

4.2.5 土地开发强度

中亚经济走廊土地开发强度整体高于中亚的平均水平（图 4-8），土地开发强度指数高于 0.5 的面积占到了廊道总面积的 30.61%。北线—阿斯塔纳支线以哈萨克斯坦首都阿斯塔纳市为中心，农田大量分布，农业开发程度相对较高，基本仍处于 0.7 以下；南线途径阿拉木图市、撒马尔罕市、比什凯克市等城市，农业和工业都较为发达，土地开发强度较高，重点城市周边土地开发强度达到了 0.7 以上。里海区域以及位于哈萨克斯坦境内南线—阿特劳支线土地开发程度较低，土地开发强度指数低于 0.5。

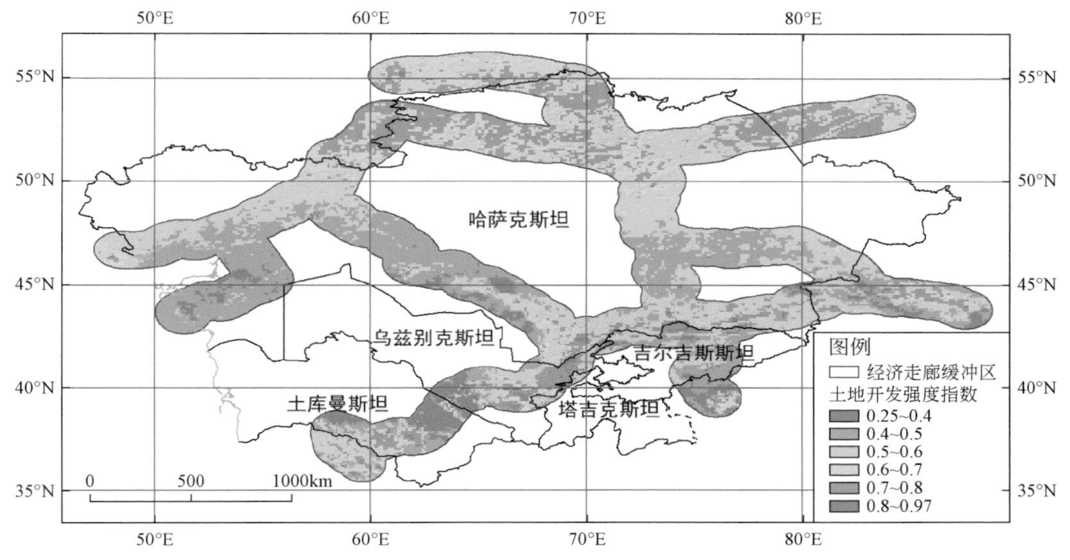

图 4-8 中亚经济走廊土地开发强度指数（100km 缓冲区）

4.2.6 草地

1. 草地年最大植被覆盖度（FVC）

中亚经济走廊缓冲区内 2014 年草地年最大植被覆盖度（FVC）处于中等水平（图 4-9），FVC 低于 0.2 的面积占到了走廊内草地总面积的 34.55%，主要分布在走廊南线—阿特劳支线的中段、里海周边和巴尔喀什湖周边区域；FVC 为 0.2 ～ 0.4 的草地占走廊草地总面积的 37.88%，主要分布在南线—阿特劳支线的西段和北线—阿斯塔纳支线阿拉木图—阿斯塔纳区域；FVC 高于 0.4 的草地也占 27.56%，主要分布在走廊南线途经的天山和帕米尔区段，以及北线—阿斯塔纳支线北部大部分其余。

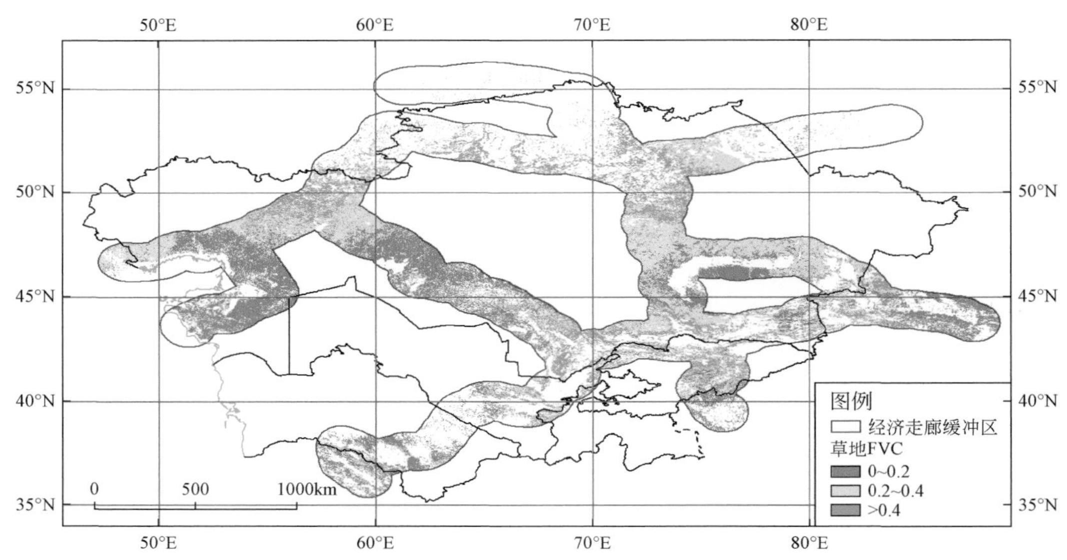

图 4-9 2014 年中亚经济走廊缓冲区内草地年最大植被覆盖度指数分布

2. 草地年最大叶面积指数（LAI）

中亚经济走廊缓冲区 2014 年草地年最大植被叶面积指数 LAI 普遍较低（图 4-10），LAI 低于 1 的面积占到了廊草地总面积的 86%，植被类型多为荒漠，草地长势整体较差；年最大 LA 高于 1 的草地占 14%，主要分布在走廊南线和北线的中部。

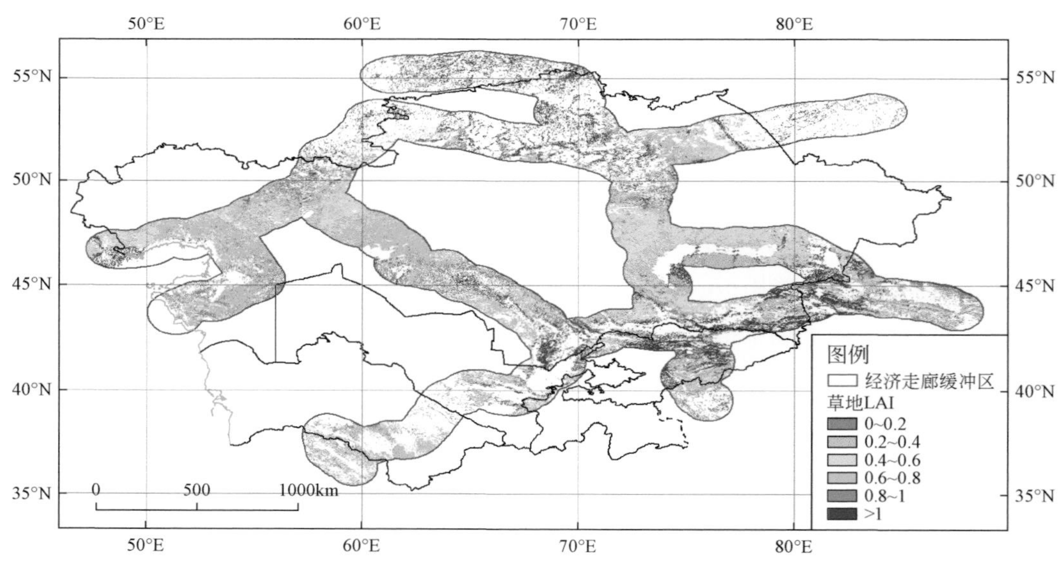

图 4-10 2014 年中亚经济走廊缓冲区内草地年最大 LAI 空间分布

3. 草地净初级生产力（NPP）

中亚经济走廊缓冲区 2014 年草地年累积 NPP 总体上较低（图 4-11），63% 的草地年累积 NPP 低于 150 gC/m^2，主要分布在南线—阿特劳支线和北线—阿斯塔纳支线的中部、里海周边和南线南部区域；草地年累积 NPP 为 150 ～ 250 gC/m^2 的区段集中在南北两线中段，占 29%；高于 250 gC/m^2 的仅有 8%，零星分布走廊沿途经过的湖泊周边和河流沿岸。

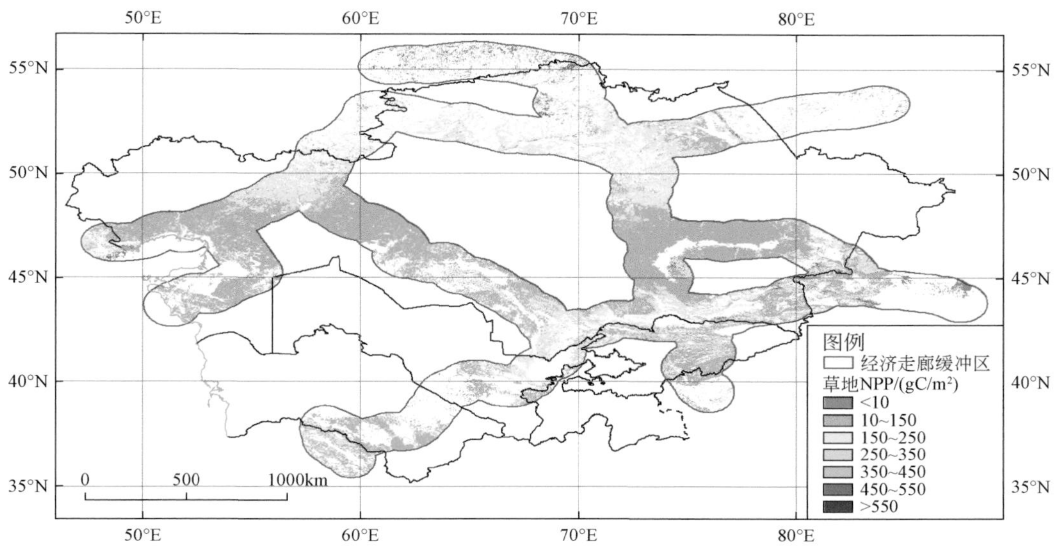

图 4-11　2014 年中亚经济走廊缓冲区内草地年累积 NPP 空间分布图

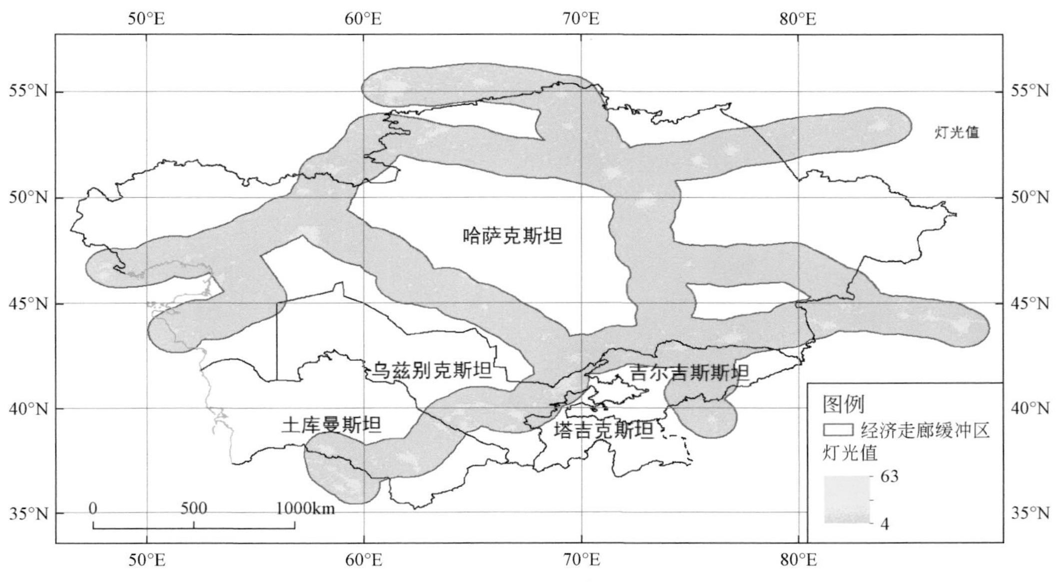

图 4-12　2013 年中亚经济走廊灯光数据分布图

4.2.7 夜间灯光

2013 年走廊灯光指数值总体偏低，灯光指数低值区占 86% 以上面积；高值区面积不足 0.5%，高值区呈点状分布，面积略有增加（图 4-12）。中亚五国廊道北线和南线的城市规模整体较大，灯光数据亮度值高。灯光最亮的区域主要集中在走廊沿线的城市或者经济中心，如阿斯塔纳、阿拉木图、比什凯克、塔什干、杜尚别等城市，人口相对稠密，且城市化水平相对较高，工业化水平相对发达。廊道中部地区城市规模较小，人口稀少，经济水平也相对落后，城市灯光指数相对较弱。

4.3 主要生态环境限制因素

4.3.1 地形和温度

中亚经济走廊穿越天山山脉，坡度多处于 10° 以上，部分区域达到了 40°，其他区域坡度均在 5° 以下（图 4-13）。总体来说，南线途经的天山山脉海拔高、坡度大，地形复杂险峻，是“丝绸之路经济带”基础设施建设的重大挑战。“新亚欧大陆桥”地势相对平坦。

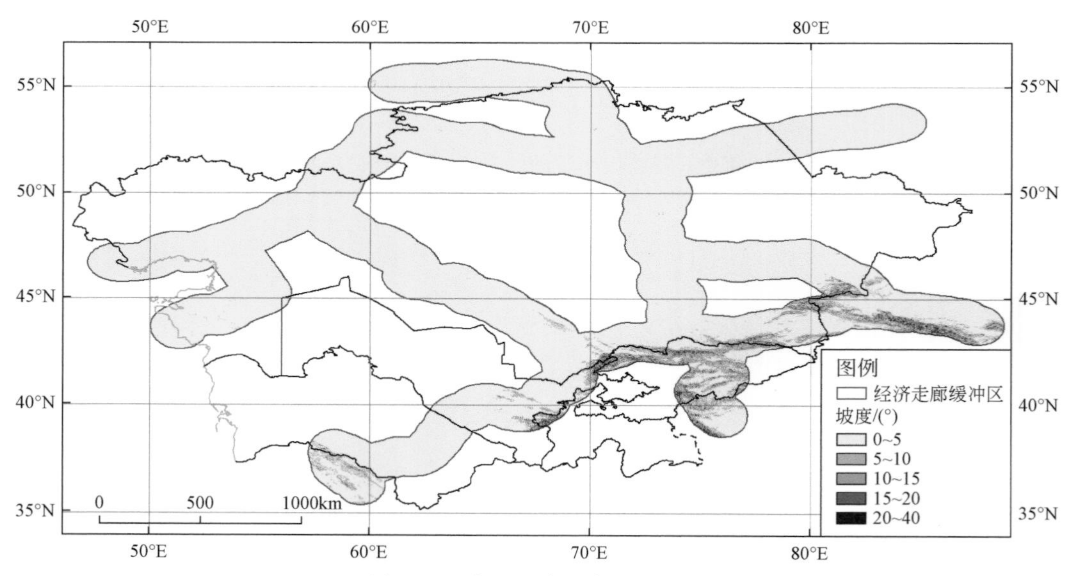

图 4-13 中亚经济走廊沿线坡度

2014 年中亚经济走廊年平均温度由东南段向西北段逐步降低（图 4-14）。沿途经过的土库曼斯坦、乌兹别克斯坦、哈萨克斯坦境内沙漠和戈壁区段温度较高，年平均温度大于 10℃，部分地区可超过 20℃。吉尔吉斯斯坦境内天山段温度较低，年平均温度小于 0℃。

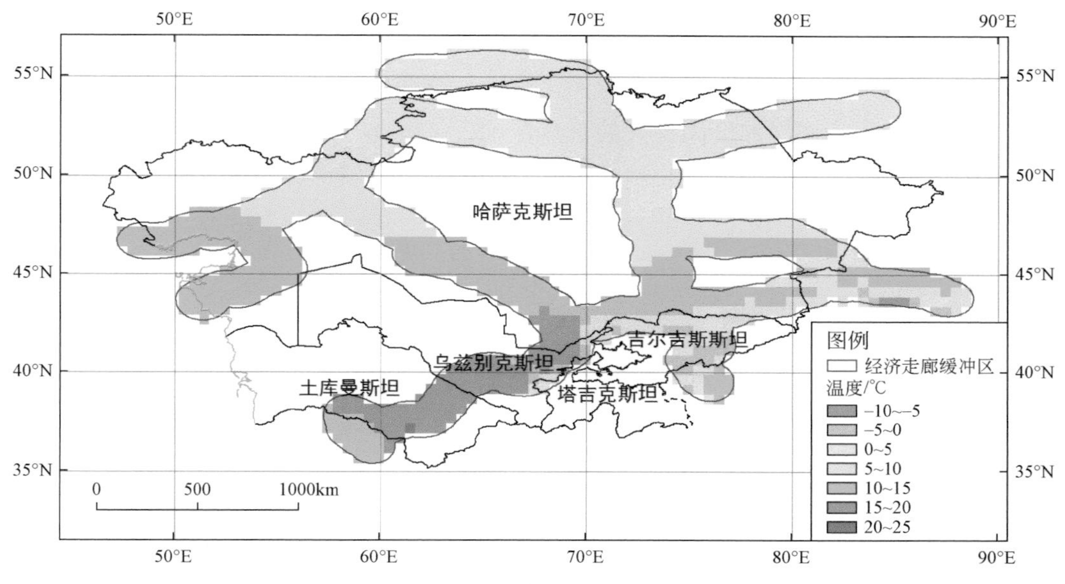

图 4-14　2014 年中亚经济走廊年平均温度空间分布

4.3.2　荒漠化

缓冲区内荒漠化土地面积较少，仅占走廊总面积的 10.2%（图 4-15）。北线穿越哈萨克斯坦境内的大片荒漠化土地，占走廊荒漠化面积的 63.53%，主要分布在走廊北线的南部和里海沿途；南线穿越土库曼斯坦和乌兹别克斯坦，经过了位于两国交界的孙杜克利沙漠，荒漠化土地分别占到 28.60% 和 7.87%。

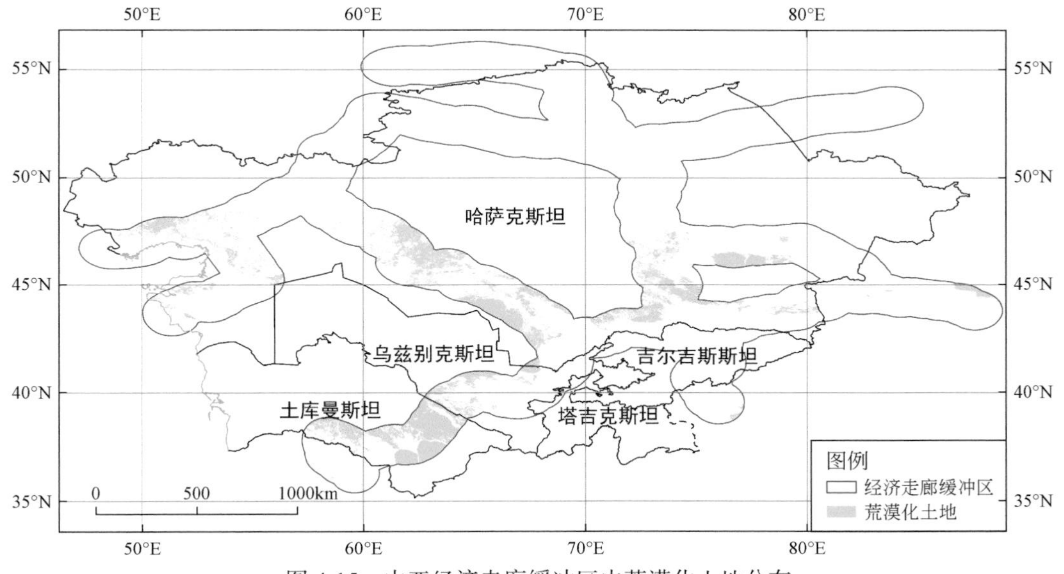

图 4-15　中亚经济走廊缓冲区内荒漠化土地分布

4.3.3 自然保护区需求

廊道内保护区分布零星，但类型较多。位于乌兹别克斯坦东北角的卡特卡尔自然保护区，是中亚经济走廊缓冲区内最大的自然保护区（图 4-16）。在哈萨克斯坦东南部分布有较多的保护区，如阿拉木图自然保护区、阿拉湖自然资源保护区、阿尔特内梅尔自然公园、伊犁—阿拉套国家级自然公园等，主要保护各类珍稀植物、水生生物和中亚特有动物；南线穿越吉尔吉斯斯坦的伊塞克湖野生动物保护区；哈萨克斯坦北部及里海沿岸也有一些保护区分布于走廊缓冲区之内。

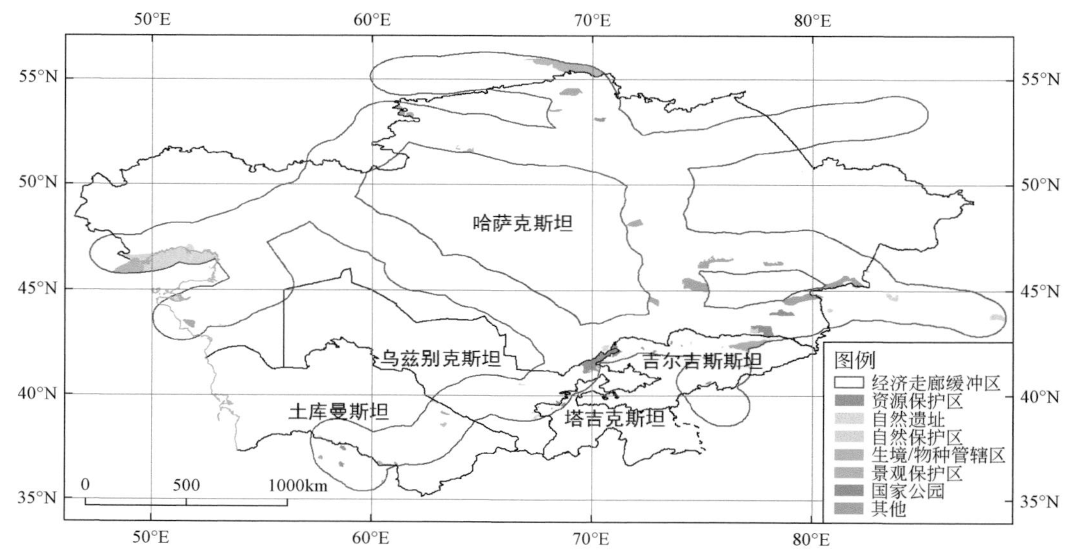

图 4-16　中亚经济走廊缓冲区内自然保护区分布

4.4　廊道潜在影响

“中国—中亚—西亚经济走廊”南线穿越天山山脉，在乌兹别克斯坦和土库曼斯坦境内途经沙漠，沿线地形复杂，起伏剧烈。沿途多数地区生态系统脆弱，恢复难度较大，未来经济建设需要加强生态环境的保护。

南线坡陡山高，滑坡、泥石流等自然灾害易发，基础设施建设工程难度大，建设和开发中应注意预防次生地质灾害的发生。

南线的中部和西部，重点城市分布密集，土地开发强度较高。以铁路建设为纽带实现阿拉木图、比什凯克、塔什干、阿什哈巴德等重要节点城市的“交通联通”，对于实现当地经济的“贸易联通”，促进和活跃经济的发展具有关键性作用。此外，该地区的社会安全问题长期存在，并呈现长期化趋势，对基础设施建设和经济贸易的联通形成新的威胁，必须引起足够的重视。

“新亚欧大陆桥”穿越哈萨克斯坦全境，所经区域主要分布农田和荒漠草地，地势相对平坦，地形起伏较小，干旱少雨，但属于典型的干旱区特征，生态系统高度脆弱，经济走廊的建设一方面可能会挤占农田，对农田生态系统造成一定影响，另一方面也可能引起荒漠化、盐碱化等土地退化现象，应予以重视。

廊道沿途经过多个保护区，虽然面积不大，分布零星，但类型独特，需要在基础设施建设中予以避让和保护。

中亚经济走廊虽然面临很多自然条件和环境的限制，但通过科学合理的规划建设，将进一步加强中亚与中国、俄罗斯、欧洲和非洲国家的联系，促进区域的国际经贸交流。

4.5　小　结

“新亚欧大陆桥”和“中国—中亚－西亚经济走廊”依托铁路和公路网络，自中国新疆乌鲁木齐经阿拉山口、霍尔果斯、吐尔尕特等边贸口岸，连通整个中亚国家。“中国—中亚－西亚经济走廊”途径中亚诸多重要的经济和文化中心，可直达欧洲和西亚。“新亚欧大陆桥”贯穿哈萨克斯坦全境，以首都阿斯塔纳市为中心向东连接新西伯利亚，经过阿拉木图市向西连通里海。整个中亚经济走廊沿途地形南高北低，山脉与沙漠相间分布，南线途径天山山脉，地形复杂险峻，给“丝绸之路经济带”基础设施建设带来极大的挑战。走廊气候属大陆性干旱气候，降水稀少，蒸发强烈，植被覆盖水平整体上较低，生态环境相对脆弱，生态恢复难度较大。廊道内保护区零星分布，但类型独特，经济建设和基础设施规划必须坚持“开发和保护并重”的协调发展理念，尽量避让和保护。

参考文献

[1] 周可法，杨发相，徐新 . 2013. 中亚地质地貌 . 北京：气象出版社 .

[2] 吉力力・阿不都外力，马龙 . 2015. 中亚环境概论 . 北京：气象出版社 .

[3] 张元明，李耀明，沈观冕 . 2013. 中亚植物资源及其利用 . 北京：气象出版社 .

[4] 哈萨克斯坦国家统计局 . 2015. 2015 年哈萨克斯坦统计年鉴 . 阿斯塔纳（俄文）.

[5] 乌兹别克斯坦国家统计局 . 2015. 2015 年乌兹别克斯坦统计年鉴 . 塔什干（俄文）.

[6] 土库曼斯坦国家统计局 . 2015. 2015 年土库曼斯坦统计年鉴 . 阿什哈巴德（俄文）.

[7] 塔吉克斯坦国家统计局 . 2015. 2015 年塔吉克斯坦统计年鉴 . 杜尚别（俄文）.

[8] 吉尔吉斯斯坦国家统计局 . 2015. 2015 年吉尔吉斯斯坦统计年鉴 . 比什凯克（俄文）.

[9] 商务部综合司，商务部国际贸易经济合作研究院 . 2015. 国别贸易报告，哈萨克斯坦 2015 年第 1 期 .

[10] 商务部国际贸易经济合作研究院，中国驻哈萨克斯坦大使馆经济商务参赞处，等 . 2015. 对外投资合作国别（地区）指南—哈萨克斯坦 .

[11] 商务部国际贸易经济合作研究院，中国驻哈萨克斯坦大使馆经济商务参赞处 . 等 . 2015. 对外投资合作国别（地区）指南—乌兹别克斯坦 .

[12] 商务部国际贸易经济合作研究院，中国驻哈萨克斯坦大使馆经济商务参赞处，等 . 2015. 对外投资合作国别（地区）指南—土库曼斯坦 .

[13] 商务部国际贸易经济合作研究院，中国驻塔吉克斯坦大使馆经济商务参赞处，等 . 2015. 对外投资合作国别（地区）指南—塔吉克斯坦，29-30.

[14] 商务部国际贸易经济合作研究院，中国驻吉尔吉斯斯坦大使馆经济商务参赞处，等 . 2015. 对外投资合作国别（地区）指南—吉尔吉斯斯坦，23-24.

附　　录

1　遥感数据源

陆表定量遥感产品主要来源于863高技术发展计划“星机地综合定量遥感系统与应用示范”项目。产品生产以中国卫星数据为主、国外数据为辅（表a-1），利用多源协同定量遥感产品生产系统（MuSyQ），经过归一化处理形成了标准化、归一化的多源遥感数据集。经过多源数据协同反演生产了共性定量遥感产品，进而与专业模型结合，生产了定量遥感专题产品。

表 a-1　生产陆表定量遥感产品所用数据信息列表

编号	卫星	传感器	空间分辨率	时间分辨率
1	Terra/Aqua	MODIS	1 km	1天
2	FY-3A/B/C	MERSI/VIRR	1 km	1天
3	HJ-1A/B	CCD1/CCD2	30 m	8天
4	Landsat 8	OLI	30 m	16天
5	GF-1/2	PMS	1～8 m	4天
6	GF-4	PMI	50 m	0.5小时
7	HY-1A/B	COCTS	1.1 km	1天
8	FY-2E	VISSR	5 km	1小时

“全球生态系统与表面能量平衡特征参量生成与应用”“全球地表覆盖遥感制图与关键技术研究”等项目和团队生产并提供了部分陆表遥感产品。

1.1　地球观测系统（EOS）Terra/Aqua卫星

美国地球观测系统（Earth Observation System，EOS）发射了一系列卫星，其中Terra、Aqua和Aura三颗卫星成为系列，分别于1999年12月18日、2002年5月4日和2004年7月15日发射成功，目前均处于正常运转中。

搭载在Terra和Aqua两颗卫星上的中分辨率成像光谱仪（Moderate ResolutionImaging Spectroradiometer，MODIS）是美国地球观测系统（EOS）计划中用于观测全球生物和物理过程的重要仪器，具有36个中等分辨率水平（0.4μm～14μm）的光谱波段，地面空间分辨率分别为250m、500m和1000m，每1～2天对地球表面观测一次。MODIS的多波段数据可以同时提供反映陆地表面状况、云边界、云特性、海洋水色、浮游植物、生物物理、生物化学、大气水汽、气溶胶、地表温度、云顶温度、大气温度、臭氧和云顶高度等特征的信息，可用于对陆表、生物圈、固态地球、大气和海洋进行长期全球观测。

1.2 风云三号气象卫星（FY-3）

风云三号（简称 FY-3）是中国第 2 代极地轨道气象卫星系列。FY-3A、3B 和 3C 分别于 2008 年 5 月 27 日、2010 年 11 月 5 日和 2013 年 9 月 23 日发射，目前 FY-3B/C 仍在轨运行。

风云三号携带着多达 11 种有效载荷和 90 多种探测通道，可以在全球范围进行全天时探测。中分辨率光谱成像仪（Medium Resolution Spectral Imager，MERSI）是风云三号携带的最重要的传感器之一。MERSI 光谱范围为 0.40 ～ 12.5μm，有 20 个波段，地面分辨 250m ～ 1km，扫描宽度为 2900km，每天至少可以对全球同一地区扫描 2 次。MERSI 能高精度定量遥感云特性、气溶胶、陆地表面特性、海洋水色和低层水汽等地球物理要素，实现对大气、陆地、海洋的多光谱连续综合观测。

1.3 陆地卫星（Landsat）

Landsat 是美国陆地探测卫星系统，1972 年发射第一颗卫星 Landsat 1，此后陆续发射了一系列陆地观测卫星，是目前在轨运行时间最长的光学陆地遥感卫星系列，成为全球广泛应用、成效显著的地球资源遥感卫星之一。

Landsat 7 卫星于 1999 年发射，装备有增强型专题制图仪（Enhanced Thematic MapperPlus，ETM+）设备，ETM+ 被动感应地表反射的太阳辐射和散发的热辐射，有 8 个波段的传感器，覆盖了从可见光到红外的不同波长范围，其多光谱数据空间分辨率为 30m。目前最新的是 Landsat 8，于 2013 年 2 月 11 号发射，携带有两个主要载荷：运营性陆地成像（Operational Land Imager，OLI）和热红外传感器（Thermal Infrared Sensor，TIRS），旨在长期对地进行观测，主要对资源、水、森林、环境和城市规划等提供可靠数据。OLI 包括 9 个波段，空间分辨率为 30m，其中包括一个 15m 的全色波段，成像宽幅为 185 km × 185 km。

1.4 高分卫星（GF-1/2/4）

高分一号（GF-1）卫星搭载了两台 2m 分辨率全色 /8m 分辨率多光谱相机，四台 16m 分辨率多光谱相机。卫星工程突破了高空间分辨率、多光谱与高时间分辨率结合的光学遥感技术，多载荷图像拼接融合技术，高精度高稳定度姿态控制技术，5 ～ 8 年高寿命可靠卫星技术，高分辨率数据处理与应用等关键技术，对于推动我国卫星工程水平的提升，提高我国高分辨率数据自给率，具有重大战略意义。其主要技术指标如表 a-2

和表 a-3 所示。

表 a-2　GF-1 卫星轨道参数

参数	指标
轨道类型	太阳同步回归轨道
轨道高度	645km
轨道倾角	98.0506°
降交点地方时	10：30 am
回归周期	41 天

表 a-3　GF-1 卫星有效载荷参数

<table>
<tr><th>载荷</th><th>谱段号</th><th>谱段范围 /μm</th><th>空间分辨率 /m</th><th>幅宽 /km</th><th>侧摆能力</th><th>重访时间 / 天</th></tr>
<tr><td rowspan="5">全色多光谱相机</td><td>1</td><td>0.45 ～ 0.90</td><td rowspan="2">2</td><td rowspan="5">60（2 台相机组合）</td><td rowspan="9">±35°</td><td rowspan="5">4</td></tr>
<tr><td>2</td><td>0.45 ～ 0.52</td></tr>
<tr><td>3</td><td>0.52 ～ 0.59</td><td rowspan="3">8</td></tr>
<tr><td>4</td><td>0.63 ～ 0.69</td></tr>
<tr><td>5</td><td>0.77 ～ 0.89</td></tr>
<tr><td rowspan="4">多光谱相机</td><td>6</td><td>0.45 ～ 0.52</td><td rowspan="4">16</td><td rowspan="4">800（4 台相机组合）</td><td rowspan="4">3</td></tr>
<tr><td>7</td><td>0.52 ～ 0.59</td></tr>
<tr><td>8</td><td>0.63 ～ 0.69</td></tr>
<tr><td>9</td><td>0.77 ～ 0.89</td></tr>
</table>

高分二号（GF-2）卫星是我国自主研制的首颗空间分辨率优于 1m 的民用光学遥感卫星，搭载有两台高分辨率 1m 全色、4m 多光谱相机，具有亚米级空间分辨率、高定位精度和快速姿态机动能力等特点，有效地提升了卫星综合观测效能，达到了国际先进水平。高分二号卫星于 2014 年 8 月 19 日成功发射，8 月 21 日首次开机成像并下传数据。这是我国目前分辨率最高的民用陆地观测卫星，星下点空间分辨率可达 0.8m，标志着我国遥感卫星进入了亚米级“高分时代”。主要用户为国土资源部、住房和城乡建设部、交通运输部和国家林业局等部门，同时还可为其他用户部门和有关区域提供示范应用服务。其主要技术指标如表 a-4 和表 a-5 所示。

表 a-4　GF-2 卫星轨道参数

参数	指标
轨道类型	太阳同步回归轨道
轨道高度	631km
轨道倾角	97.9080°
降交点地方时	10：30 am
回归周期	69 天

表 a-5 GF-2 卫星有效载荷参数

载荷	谱段号	谱段范围 /μm	空间分辨率 /m	幅宽 /km	侧摆能力	重访时间（天）
全色多光谱相机	1	0.45 ～ 0.90	1	45（2 台相机组合）	±35°	5
	2	0.45 ～ 0.52				
	3	0.52 ～ 0.59	4			
	4	0.63 ～ 0.69				
	5	0.77 ～ 0.89				

高分四号卫星是中国第一颗地球同步轨道遥感卫星，采用面阵凝视方式成像，具备可见光、多光谱和红外成像能力，可见光和多光谱分辨率优于 50m，红外谱段分辨率优于 400m，设计寿命 8 年，通过指向控制，实现对中国及周边地区的观测。

1.5 风云二号气象卫星（FY-2E）

风云二号卫星为我国的第一代地球静止卫星，目前在轨运行，并提供应用服务的是 02 批 3 颗卫星 FY-2C、FY-2D、FY-2E 和 03 批的 1 颗卫星 FY-2F，分别于 2004 年 10 月 19 日、2006 年 12 月 8 日、2008 年 12 月 23 日和 2012 年 1 月 13 日发射成功。风云二号卫星被世界气象组织纳入全球地球观测业务卫星序列，成为全球地球综合观测系统（GEOSS）的重要成员。

FY-2E 星搭载有四个红外通道，分别是 IR1 长波红外通道，IR2 红外分裂窗，IR3 水汽通道，IR4 中红外通道，以及一个可见光通道。其主要技术指标如表 a-6 所示。

表 a-6 FY-2 卫星有效载荷参数

通道	波段 /μm	星下点分辨率 /km	用途
可见光	0.55 ～ 0.90	1.25	白天的云、雪、水体
红外 1	10.3 ～ 11.3	5	昼夜云、下垫面温度、云雪区分
红外 2	11.5 ～ 12.5	5	昼夜云
红外 3	6.3 ～ 7.6	5	半透明卷云的云顶温度、中高层水汽
红外 4	3.5 ～ 4.0	5	昼夜云、高温目标

2 陆地遥感专题产品

2.1 地表反射率

地表反射率（Land Surface Reflectance）是指地表物体向各个方向上反射的太阳总辐射通量与到达该物体表面上的总辐射通量之比。在遥感领域中，地表反射率通常指可见光－近红外谱段的遥感数据经大气校正后得到的反射率，通常为方向反射率，是在太阳和传感器位置确定情况下的地表反射率。本书生产的 2014 年地表反射率产品空间范围覆盖全球，空间分辨率为 1km，时间分辨率为 3 小时。

2.2 地表反照率

地表反照率（Land Surface Albedo）定义为在半球空间内地表反射的所有辐射能量与所有入射能量之比，反映了地球表面反射太阳辐射的能力，广泛应用于地表能量平衡、中长期天气预报和全球变化研究中。本书生产的 2014 年地表反照率产品空间范围覆盖全球，空间分辨率为 1km，时间分辨率为 3 小时。

2.3 下行短波辐射

短波辐射，一般指的是 0.3 ～ 4μm 的太阳辐射能量。太阳辐射能在可见光波段。（0.4 ～ 0.76μm）、红外波段（>0.76μm）和紫外波段（<0.4μm）部分的能量分别占 50%、43% 和 7%，即集中于短波波段，故将太阳辐射称为短波辐射。下行短波辐射是指太阳辐射穿过大气层，被大气吸收、散射，以及经过地表 - 大气间的多次散射后，最终到达地表部分的太阳辐射能。本书生产的 2014 年下行短波辐射产品空间范围覆盖中亚监测区域，空间分辨率为 5km，时间分辨率为 3 小时。

2.4 光合有效辐射

光合有效辐射（PhotosyntheticallyActive Radiation，PAR）指 400 ～ 700μm 的太阳辐射能量，是绿色植物光合作用的能量来源。光合有效辐射距平是当年光合有效辐射相比过去 13 年平均光合有效辐射的变幅百分比。根据遥感产品与 ECMWF 大气再分析数据获取，遥感产品与地面实测数据相比，晴天条件下均方根误差为 25.9W/m^2，决定系数为 0.98，阴天条件下均方根误差为 50.6W/m^2，决定系数为 0.87。本书生产的 2014 年光合有效辐射产品空间范围覆盖中亚监测区域，空间分辨率为 5km，时间分辨率为 3 小时。

2.5 蒸散

蒸散（Evapotranspire，ET）是土壤—植物—大气连续体中水分运动的重要过程，包括蒸发和蒸腾，蒸发是水由液态或固态转化为气态的过程，蒸腾是水分经由植物的茎叶散逸到大气中的过程。根据遥感产品和 ECMWF 大气再分析数据获取。本书生产的 2014 年蒸散产品空间范围覆盖全球，空间分辨率为 1km，时间分辨率为 1 天。

2.6 水分盈亏

水分盈亏反映了不同气候背景下大气降水的水分盈余、亏缺特征，是指降水与蒸散之间的差值。本书生产的 2014 年水分盈亏产品空间范围覆盖中亚，空间分辨率为 1km。

2.7 植被指数

不同波段的植被－土壤系统的反射率因子以一定的形式组合成一个参数时与植被特性参数形成函数关联，从而表征植被的生长状况，这种比值比单一波段更稳定、可靠。我们把这种多波段反射率因子的组合统称为植被指数。归一化差值植被指数（Normalized Difference Vegetation Index，NDVI）和增强植被指数（Enhanced Vegetation Index，EVI）是其中比较常用的两个植被指数，其定义分别为：

$$NDVI = \frac{NIR - R}{NIR + R} \tag{1}$$

$$EVI = \frac{G \times (GIR - R)}{NIR + C1 \times R - C2 \times B + L} \tag{2}$$

式中，NIR、R、B 分别代表近红外、红和蓝波段的地表反射率；G、C1、C2 和 L 是常数。本书分别生产了 2014 年覆盖中亚的 EVI 和 NDVI 产品，空间分辨率均为 1km，时间分辨率均为 5 天。

2.8 植被覆盖度

植被覆盖度（Vegetation Coverage，VC）是衡量地表植被状况的一个最重要指标，指植被冠层或叶面在地面的垂直投影面积占植被区总面积的比例，根据遥感产品获取，经地面实测数据验证，标准偏差 0.078，决定系数达到 0.821。本报告中基于遥感技术提取的植被覆盖为绿色植被冠层占像元的比例。本书生产的中亚 1km 植被覆盖度产品分为两种，其一是 2000 ～ 2014 年长时间序列数据，时间分辨率为 8 天；其二是 2014 年植被覆盖度产品，时间分辨率为 5 天。

2.9 叶面积指数

叶面积指数（Leaf Area Index，LAI）又称叶面积系数，是指单位土地面积上植物所有叶片表面积之和的一半。即：叶面积指数 = 叶片表面积之和的一半 / 土地面积。植被最大叶面积指数（Max Leaf Area Index，MLAI）指某一段时间内叶面积指数达到的最大值。该报告中特指在每个年度的生长季中植被叶面积指数的最大值。本书生产的中亚 1km 叶面积指数产品分为两种，其一是 2000 ～ 2014 年长时间序列数据，时间分辨率为 8 天；其二是 2014 年叶面积指数产品，时间分辨率为 5 天。

2.10 光合有效辐射吸收比例

光合有效辐射吸收比例（Fraction of Absorbed Photosynthetically Active Radiation，FPAR）是植被吸收光合有效辐射占到达植被冠层顶部的光合有效辐射的比例。本书生产的 2014 年 FPAR 产品空间范围覆盖中亚，空间分辨率为 1km，时间分辨率为 5 天。

2.11　植被净初级生产力

植被净初级生产力（Net Primary Productivity，NPP）是反映植被固碳能力的指标之一，是评估植被固碳能力和碳收支的重要参数，指绿色植物在单位时间、单位面积上所累积的有机物质量，是由光合作用所产生的有机质总量中扣除自养呼吸后的剩余部分。根据遥感数据获取，经与 MODIS 同类产品进行交叉验证，精度相当，但时间分辨率更高，能够反映出植被生产力更加细微的时间变化情况。本书生产的 2014 年植被净初级生产力产品空间范围覆盖中亚，空间分辨率为 1km，时间分辨率为 5 天。

2.12　森林地上生物量

森林地上生物量是森林生态系统最基本的数量特征，指某一时刻森林活立木地上部分所含有机物质的总干重，包括干、皮、枝、叶等分量，用单位面积上的质量表示。用森林地上生物量生长量表示一定时间内单位面积森林地上生物量的净增加量。森林地上生物量不仅是估测森林碳储量和评价森林碳循环贡献的基础，也是森林生态功能评价的重要参数。

结合遥感数据与地面数据获取，中国境内以第八次森林清查数据作为验证数据，决定系数 >0.8，境外以联合国粮食与农业组织（FAO）参考数据比较，精度相当。本次生产 2005、2010 和 2014 年全球森林地上生物量专题产品，使用的基础数据源主要包括星载激光雷达 GLAS 数据、全球生态区划矢量数据、光学遥感 MODIS 数据。通过计算样地生物量、计算 GLAS 光斑点生物量、基于 SVR 全球地上生物量建模、基于 BEPS 模型更新获得森林生物量。本书生产的森林地上生物量空间分辨率为 1km，覆盖范围为 60° S ～ 80° N。

2.13　农作物产量和面积

基于上一年度的作物产量，通过对当年作物单产和面积相比于上一年变幅的计算，估算当年的作物产量。计算公式如下：

$$总产_i = 总产_{i-1} \times (1+\Delta单产_i) \times (1+\Delta面积_i) \tag{3}$$

式中 i 代表关注年份，分别为当年单产和面积相比于上一年的变化比率。

对于中国，各种作物的总产通过单产与面积的乘积进行估算，公式如下所示：

$$总产 = 单产 \times 面积 \tag{4}$$

对于 31 个粮食主产国，单产的变幅是通过建立当年的 NDVI 与上一年的 NDVI 时间序列函数关系获得。计算公式如下：

$$\Delta 单产_i = f(NDVI_i, NDVI_{i-1}) \tag{5}$$

式中 $NDVI_i$ 和 $NDVI_{i-1}$ 是当年和上一年经过作物掩膜后的 NDVI 序列空间均值。综合考虑各个国家不同作物的物候，可以根据 NDVI 时间序列曲线的峰值或均值计算单产的变幅。本书生产的 2014 年农作物产量和面积统计数据主要涵盖中亚粮食主产区。

2.14 复种指数

复种指数（Cropping Index，CI）能够反映耕地的利用强度，指在同一田地上一年内接连种植两季或两季以上作物的种植方式，描述耕地在生长季中利用程度的指标，通常以全年总收获面积与耕地面积比值计算，也可以用来描述某一区域的粮食生产能力。本书中采用经过平滑后的 MODIS 时间序列 NDVI 曲线，提取曲线峰值个数、峰值宽度和峰值等指标，计算耕地复种指数，利用中国境内监测站点验证，总体精度为 96%。本书生产的 2014 年耕地复种指数产品空间范围覆盖中亚粮食主产区，空间分辨率为 1km。

2.15 沙漠分布

沙漠指地面完全被沙所覆盖、植物非常稀少、雨水稀少、空气干燥的荒芜地区。沙漠地区是干旱缺水、植物稀少的地区，主要由沙丘组成的地表结构区域。沙漠作为贫瘠的土地支持生活的能力有限，生态环境脆弱。沙漠不仅是估测区域内土地可利用程度基础，也是生态功能评价的重要参数。

本次生产 2015 年中亚沙漠分布专题产品，使用的基础数据源主要包括 MODIS NBAR 2015 年数据、中亚 2010 年土地利用数据、STRM 90m 数字高程模型（DEM）数据。通过计算颗粒指数（Grain Size Index，GSI），植被覆盖度和坡度数据，并基于 SVM/NNC 分类，建立决策树获得沙漠分布区域。沙漠分布产品分辨率为 500m，覆盖范围为中亚地区。

2.16 土地退化

土地退化（Land Degradation）在自然或人为作用下，一个地区的生物生产潜力显著下降的过程。植被退化与土壤退化是土地退化的不同表现侧面，这两种过程既相互作用，又相互联系。传统的分析土壤理化特征指标的方法更适于小尺度的土地退化监测评价，不太适用于较大尺度土地退化评价，而对于特定的区域，植被的生长状态变化是对土地退化最为敏感也最为直接的反应，最直接的表现是植被指标的下降，更适用于大尺度土地退化评价。

本书中土地退化产品是在对中亚旱区土地退化评价项目（Global Land Degradation Assessment in Drylands，GLADA）的土地退化评价方法进行改进的基础上，基于 MODIS13A3 的月度 NDVI 数据（分辨率 0.0083°），结合同期的全球陆面数据同化系统（Global Land Data Assimilation System，GLDAS）中的月度降水数据（分辨率 0.25°）和中国区域高时空分辨率地面气象要素驱动数据集的 2001 ～ 2012 年月度降水数据（分辨率 0.1°），对近 14 年中亚退化土地进行了识别。

2.17　土地覆盖

土地覆盖（Land Cover，LC）是自然营造物和人工建筑物所覆盖的地表诸要素的综合体，包括地表植被、土壤、湖泊、沼泽湿地及各种建筑物，具有特定的时间和空间属性，其形态和状态可在多种时空尺度上变化。土地覆盖是随遥感技术发展而出现的一个新概念，其含义与“土地利用”相近，土地覆盖侧重于土地的自然属性，土地利用侧重于土地的社会属性，对地表覆盖物（包括已利用和未利用）进行分类。

本书中土地覆盖数据采用改自中国 30m 全球土地覆盖分类系统的 8 个类型（包括农田、森林、草地、灌丛、水面、不透水层、裸地、冰雪）的方案，数据空间分辨率为 250m，覆盖范围为 60° S ～ 85° N。土地覆盖制图流程分为三个步骤：2010 基准土地覆盖图生成、样本采集、2014 年土地覆盖图更新。中亚土地覆盖制图结果采用一批验证样本来检验（如表 a-7 所示），制图总体精度为 74%，其中，农田的平均精度为 67%，森林的平均精度 84%，草地的平均精度 59%，灌丛的平均精度 61%，水面的平均精度 79%，不透水层平均精度 52%，裸地的平均精度 88%，冰雪的平均精度 62%。由于在中低分辨率遥感制图中，水面与云阴影、山体阴影极易产生混淆（三者反射率都较低），水面在局部区域存在高估的现象。

表 a-7　精度评价混淆矩阵

项目	农田	森林	草地	灌丛	水体	不透水层	裸地	冰雪	总数	UA/%
农田	895	73	98	76	1	8	2	0	1153	78
森林	204	4302	343	488	29	5	1	10	5382	80
草地	316	246	1522	374	31	5	7	8	2509	61
灌丛	130	291	317	1585	10	2	2	1	2338	68
水体	0	0	0	1	161	0	0	0	162	99
不透水层	4	2	2	1	0	17	1	0	27	63
裸地	56	5	319	381	30	4	2820	18	3633	77
冰雪	0	8	26	5	15	0	0	73	127	57
总数	1605	4927	2627	2911	277	41	2833	110	15331	
PA/%	56	87	58	54	58	41	100	66		74

2.18　土地利用程度指数

土地利用程度指土地垦殖率、土地利用率和耕地复种指数，土地利用投入产出等状况。本书中土地利用程度计算所使用的基础数据为 2014 年 250m 分辨率的土地覆盖类型空间分布数据，其数量化基础建立在土地利用程度的极限上，土地利用的上限，即土地资源的利用达到顶点，人类一般无法对其进行进一步的利用；而土地利用的下限，即为人类对土地资源利用的起点。根据以上特点，将4种土地利用的理想状态定为4种土地利用级，并对4种土地利用级赋予其本身类别的值，则得到4种土地利用程度的分级指数，如表a-8所示。

表 a-8　土地利用程度分级赋值表

项目	未利用土地级	林、草、水用地级	农业用地	城镇聚落用地级
土地利用类型	未利用地或难利用地	林地、草地、水域	耕地、园地、人工草地	城镇、居民点、工矿用地、交通用地
分级指数	1	2	3	4

表a-8中的4种土地利用级仅是4种理想型，在实际状态下，这4种类型通常是混合存在于同一地区，各自占据不同的面积比例，并对当地土地利用程度，按其权重，做出贡献。据此，土地利用程度的综合量化指标必须在此基础上进行数学综合，形成一个在1～4之间连续分布的综合指数，其值的大小则综合反映了某一地区土地利用程度。由此可知，数量化的土地利用程度综合指数是一个威弗（Weaver）指数。考虑到地理信息系统中处理的方便，在按分级赋值计算的基础上乘上100，则其计算方法如下：

$$L_a = 100 \times \sum_{i=1}^{n} (A_i \times C_i) \qquad (6)$$

$$\text{La} \in 100,\ 400$$

式中：L_a 为土地利用程度综合指数；A_i 表示第 i 级的土地利用程度分级指数；C_i 表示第 i 级土地利用程度分级面积百分比。

根据式（1）可知，土地利用程度综合量化指标体系是一个从100～400之间连续变化的指标。为了使该指标更易于理解，应用以下公式将土地利用程度归一化到［0，1］范围内。

$$L'_a = (L_a - 100)/300 \qquad (7)$$

由于土地利用程度综合指数是一个取值区间为［0，1］之间的连续函数，在一定的单位栅格区域内，综合指数的大小反映了土地利用程度的高低，在此基础上，任何地区的土地利用程度均可以通过计算其综合指数的大小而得到。

2.19　城市不透水层和绿地

首先在陈军2010年30m土地覆盖分类产品“人工表面”的基础上，通过人工目视解译确定2014/2015年重点城市边界（建成区边界），解译过程中重点关注城市扩展，城市周边的农田等其他地类尽量不要画到城市中去。然后在城市范围内，使用多时相

Landsat 8/ OLI 遥感数据，利用监督分类的方法进行分类，主要分为城市不透水层、绿地、水体和裸地，形成重要内陆节点城市和港口的不透水层产品和绿地产品。

3　其他参考数据

3.1　遥感夜间灯光数据

夜间灯光数据由美国国防气象卫星（Defense Meteorological Satellite Program，DSMP）提供，该传感器具有较强的光电放大能力，已广泛应用于城镇灯光探测工作，可以综合反映交通道路、居民地等与人口、城市因子相关的信息。本书使用 2000 ～ 2013 年的“稳定灯光数据”产品，该产品空间分辨率为 30″，覆盖范围为中亚地区，值域为 0 ～ 63。另外，本书对灯光数据时间序列进行最小二乘回归，并将回归直线的斜率定义为“灯光变化率”。

3.2　DEM

本书使用的数字高程模型数据（DEM）来自美国地质调查局（USGS）生产的 GlobalMulti-resolution Terrain Elevation Data 2010（GMTED2010）数据，该产品有多个数据源，包括：航天飞机雷达测图计划（SRTM）、加拿大高程数据、SPOT5 参考 3D 数据、NASA 的 ICESat 数据等。本书中使用的 DEM 数据空间分辨率为 30″，覆盖范围为 84° N ～ 90° S 之间的陆地。陆海地形特征分析选用英国海洋学数据中心（http：//www.bodc.ac.uk/）提供下载的全球 30 弧秒 DEM 数据，该数据集成了经过严格质量控制的船测水深数据、卫星监测的重力分布数据等，经过整合而形成中亚范围的地形信息。

3.3　保护区数据

本书中保护区边界的数据来自世界保护区的核心数据库（WDPA），该数据库是根据诸多来源的资料编辑而成，其数据源来自世界保护联盟世界保护区委员会、联合国环境规划署世界保护监测中心、国际动植物区系协会、美国大自然保护协会，国际野生生物保护协会、世界资源研究所和世界自然基金会等。

3.4　气温

气温是植被生长的热量条件，平均气温指一年内气温观测值的算术平均值。气温数据根据美国国家气候中心（NCDC）生产的全球地表日数据集（GSOD）获取，通过 GSOD 数据集计算出旬平均气温，考虑高程对温度的影响，结合 STRM_DEM 数据使用克里金插值法得到 0.25° ×0.25° 的月气温产品。本报告所生产的气温产品为覆盖中亚地区的旬产品，产品时间范围为 2014 年。

3.5 降水量

降水量是区域水分补给的重要来源，以降水和降雪为主。降水量指一定时段内（日降水量、月降水量和年降水量）降落在单位面积上的总水量，用 mm 深度表示。根据 TRMM 卫星遥感降水产品和 ECMWF 大气再分析数据获取，年报生产了 2014 年的年降水产品，空间分辨率为 0.25° ×0.25°，覆盖范围为中亚地区。

3.6 气候区划数据

参考柯本－盖格（Köpen Geiger）气候带分类体系，结合亚洲热带湿润、半湿润生态地理区区域界线数据，对研究区的气候类型进行划分。柯本 - 盖格气候分类法由德国气候学家柯本于 1900 年创立，是世界上使用最广泛的气候分类法。该方法以气温和降水为指标，并参照然植被的分布进行气候分类。全球共分为冬干冷温气候、冬干温暖气候、冰原气候、地中海式气候、夏干冷温气候、常湿冷温气候、常湿温暖气候、荒漠气候、热带季风气候、热带干湿气候、热带雨林气候、苔原气候和草原气候等 13 个类别。

3.7 生态功能区划数据

参考联合国粮农组织（FAO）的生态功能区划分类体系进行生态功能类型划分。

3.8 统计数据

包含人口、GDP、进出口贸易等统计资料，统计资料分别来自“中亚 5 国统计年鉴”以及世界银行 WDI 数据库。